LE
CHARBON SYMPTOMATIQUE
DU BŒUF

(Charbon bactérien, Charbon essentiel de Chabert, Charbon emphysémateux du bœuf)

PATHOGÉNIE ET INOCULATIONS PRÉVENTIVES

PAR

MM. ARLOING, CORNEVIN et THOMAS

COURONNÉ PAR L'ACADÉMIE DES SCIENCES (PRIX BRÉANT)
PAR L'ACADÉMIE DE MÉDECINE (PRIX BARBIER)
PAR LA SOCIÉTÉ NATIONALE D'AGRICULTURE DE FRANCE (PRIX DE BÉHAGUE)
ET PAR LA SOCIÉTÉ DES AGRICULTEURS DE FRANCE

DEUXIÈME ÉDITION

PARIS
ASSELIN ET HOUZEAU
LIBRAIRES DE LA FACULTÉ DE MÉDECINE
et de la Société centrale de médecine vétérinaire
PLACE DE L'ÉCOLE-DE-MÉDECINE

1887

LE

CHARBON SYMPTOMATIQUE

DU BŒUF

9929-86. — Corbeil, Typ. et ster. Crété.

LE
CHARBON SYMPTOMATIQUE
DU BŒUF

(Charbon bactérien, Charbon essentiel de Chabert, Charbon emphysémateux du bœuf)

PATHOGÉNIE ET INOCULATIONS PRÉVENTIVES

PAR

MM. ARLOING, CORNEVIN et THOMAS

DEUXIÈME ÉDITION

PARIS
ASSELIN ET HOUZEAU
LIBRAIRES DE LA FACULTÉ DE MÉDECINE
et de la Société centrale de médecine vétérinaire
PLACE DE L'ÉCOLE-DE-MÉDECINE

1887

PRÉFACE

La première édition de ce livre est épuisée depuis deux ans; les demandes quotidiennes de renseignements que nous recevons nous ont décidés à en préparer une seconde.

Celle-ci ne pouvait être une simple réimpression de la première, car, n'ayant jamais cessé de nous occuper du charbon symptomatique, nous avons rassemblé des documents et recueilli des faits dignes de publicité.

Nous citerons particulièrement le résultat de notre enquête sur la distribution géographique du charbon et sur sa fréquence, nos recherches récentes sur son microbe spécifique, sur les moyens d'en augmenter l'activité et de la lui restituer dans son intégralité quand elle s'est atténuée.

Mais on devine que c'est spécialement à propos des procédés d'inoculation préventive, de vaccination, que nous sommes entrés dans de nouveaux développements en profitant de notre propre expérience et en mettant largement à profit les observations qu'ont bien voulu nous transmettre les vétérinaires vaccinateurs. On verra dans le cours de ce livre, l'extension qu'ont prise les inoculations préventives du charbon emphysémateux, et on en pourra juger les résultats économiques d'après des données portant sur plusieurs années et plusieurs milliers de bêtes bovines.

L'accueil fait à la première édition de notre livre, les précieux témoignages qui nous ont été donnés nous imposaient la tâche de poursuivre nos études avec ténacité. Nous nous plaisons à espérer que cette deuxième édition recevra un accueil non moins favorable.

Lyon, 1ᵉʳ décembre 1886.

INTRODUCTION

Les travaux si nombreux publiés dans ces dernières années sur le charbon, les discussions dont ils ont été l'objet, les applications pratiques qui en ont été l'heureuse conséquence, mais qui pourraient aboutir à des déboires si l'on ne s'entendait pas exactement sur la nature du mal à prévenir, établissent de la manière la plus nette et la plus évidente la nécessité de réviser la terminologie nosographique dans le groupe des affections dites *charbonneuses*.

L'identité dans les expressions concrètes doit entraîner l'identité dans la nature des choses désignées ; s'il n'en est point ainsi, la confusion apparaît, des discussions surgissent à tout instant, dans lesquelles les auteurs s'égarent et se réfutent sans se comprendre.

Pour restreindre ces considérations générales au seul point que nous nous sommes proposé d'étudier, demandons-nous, par exemple, si l'épithète « charbonneuses » est donnée chez l'homme et les animaux à un groupe d'affections identiques dans leur nature.

Cette question est restée longtemps insoluble ; mais aujourd'hui, grâce aux travaux de Davaine, de MM. Pasteur, Koch, Cohn, Chauveau et Toussaint, elle peut et doit être abordée.

Chabert a décrit sur les animaux trois formes de l'affection charbonneuse qu'il a nommées : *charbon essentiel, charbon symptomatique, fièvre charbonneuse*. Mais cette division n'impliquait nullement, dans l'esprit de son auteur, une différence de nature entre ces trois manifestations morbides ; elle n'avait qu'un intérêt thérapeutique. Son contemporain Gilbert a protesté contre son opportunité ; néanmoins tous les auteurs continuaient à admettre l'identité de nature de ces formes dont la fièvre charbonneuse était regardée comme le type.

Or, les travaux que nous rappelions plus haut ont démontré que la fièvre charbonneuse du mouton ou sang de rate est *constamment* et *exclusivement* le résultat de l'évolution dans l'organisme de cet animal d'un microbe appelé *bactéridie du charbon* (Davaine) ou *Bacillus anthracis* (Cohn). Cette forme se trouvant dès lors parfaitement définie, il devenait possible de soumettre à la critique expérimentale la classification de Chabert.

Nos efforts dans cette voie se sont d'abord concentrés sur la comparaison du charbon symptomatique et du sang de rate. Après avoir établi dans la nature de ces maladies une différence indiscutable, nous avons poursuivi nos études et, parallèlement aux expérimentateurs qui s'occupent actuellement de la physiologie des microbes, nous avons abordé l'étude spéciale du charbon symptomatique. En conservant cette dénomination, nous n'entendons pas affirmer des relations étroites entre la fièvre charbonneuse et le charbon symptomatique de Chabert, puisque l'un des principaux objectifs de ce travail est d'établir les différences qui existent entre ces deux affections. Si le groupe des maladies septiques était mieux connu et surtout mieux défini, nous aurions demandé une place parmi elles pour l'affection qui nous occupe. Mais le nouveau groupement que nous aurions tenté n'eût été probablement que provisoire. En attendant que nos connaissances sur la septicémie se soient complétées, il suffit qu'on s'habitue à ne plus confondre charbon symptomatique avec fièvre charbonneuse. Or, ce but nous a semblé atteint par nos propositions.

Ajoutons qu'en poursuivant l'étude expérimentale du charbon symptomatique, nous avons acquis la preuve de sa non-récidive et découvert la possibilité de le faire naître artificiellement sous une forme bénigne, de manière à communiquer aux animaux une immunité qui les met à l'abri des dangers de l'infection naturelle.

Exposer les recherches auxquelles nous nous sommes livrés et qui nous ont conduits à différencier le charbon bactérien du sang de rate ou charbon bactéridien, montrer les moyens pratiques d'inoculer préventivement les bovidés pour les préserver des atteintes mortelles du charbon bactérien, et indiquer les conditions où l'on doit se placer pour réussir dans ces *vaccinations*, tel est l'objet principal de ce livre.

Nous l'avons complété par une revue historique et critique des connaissances relatives aux maladies charbonneuses depuis l'antiquité jusqu'à nos jours et par une étude aussi complète que possible des symptômes et des lésions du charbon symptomatique. On trouvera dans des chapitres spéciaux l'étude physiologique du microbe spécifique, l'action exercée sur lui par la chaleur, la dessiccation et divers agents chimiques, et enfin les conclusions pratiques qui en découlent au point de vue de la désinfection et de la police sanitaire.

Nos recherches intéressent la médecine humaine autant que la médecine comparée. En effet, les affections carbunculaires figurent parmi les plus redoutables qui atteignent notre espèce, et il règne sur leur origine et leur nature la même confusion qu'en vétérinaire. Il y a plus de quarante ans, Monneret et Fleury étudiant la pustule maligne dans leur *Compendium de médecine pratique*, étaient frappés de l'obscurité de cette question et écrivaient : « Il faudrait que les vétérinaires établissent une ligne de démarcation bien tranchée entre les diverses espèces de maladies auxquelles on donne les noms de charbon essentiel, de charbon symptomatique et qui ont été confondues avec la morve, le farcin, le sang de rate et bien d'autres affections. » Le travail que nous publions aujourd'hui est une réponse à ce desideratum ; il démontrera aux médecins la nécessité pour eux d'entreprendre des recherches afin d'établir la véritable nature et la véritable origine de ces affections. On a prouvé que la vraie pustule maligne correspond au sang de rate ou fièvre charbonneuse. La médecine doit savoir maintenant si le charbon symptomatique est susceptible de se transmettre à l'homme et, dans l'affirmative, comment il manifeste sa présence sur ce terrain d'emprunt, etc.

Appeler l'attention sur ces points nous semble aussi une des conséquences importantes de nos études.

Nous avons consacré huit années à celles-ci en profitant de la fréquence du charbon symptomatique dans une partie de la Haute-Marne, le Bassigny, qu'habitait l'un de nous ; nous avons trouvé là un vaste champ d'observation et d'expérimentation que nous avons utilisé de notre mieux.

Ce nous est un besoin de dire à cette place l'appui matériel que nous a constamment donné l'Administration de l'agriculture, le concours sympathique, par la plume et la parole, que nous a fourni le regretté H. Bouley et les conseils précieux que nous n'avons cessé de recevoir de notre maître, M. Chauveau, pendant ce laps de temps.

LE
CHARBON SYMPTOMATIQUE

(CHARBON BACTÉRIEN, CHARBON ESSENTIEL DE CHABERT,
CHARBON EMPHYSÉMATEUX DU BŒUF)

PATHOGÉNIE ET INOCULATIONS PRÉVENTIVES

CHAPITRE PREMIER

REVUE HISTORIQUE DES CONNAISSANCES RELATIVES AUX MALADIES
CHARBONNEUSES.

Quand on cherche, par la lecture des anciens, à se rendre compte de leurs connaissances sur les maladies charbonneuses, on éprouve un sentiment de désappointement et d'impatience. Qu'il s'agisse des écrits publiés antérieurement à la chute de l'empire romain ou de ceux publiés postérieurement et jusqu'à la fin du dix-septième siècle, on se trouve constamment en présence des descriptions les plus vagues et les plus confuses, ainsi que des conceptions les plus étranges. Crédules et amis du merveilleux, peu ou point préparés par des connaissances spéciales à bien voir, à décrire correctement et à interpréter sainement les phénomènes pathologiques qui se présentaient à eux, les anciens auteurs, même les meilleurs, nous laissent l'esprit indécis sur ce que nous voudrions savoir. Si, en histoire naturelle, il est parfois difficile de dire ce qu'Aristote, Pline ou Théophraste ont voulu désigner dans leurs descriptions, prolixes jusqu'à la confusion, c'est bien pis quand il s'agit de médecine et surtout de médecine du bétail. Le bref historique que nous allons faire va le mettre en pleine évidence.

Dans la période qui s'étend du commencement des temps historiques à l'ère chrétienne, ce sont surtout les législateurs et les poètes qui nous parlent des maladies des bestiaux, et cela en un langage imagé et hyperbolique qui n'est point fait pour nous tirer d'embarras. Cependant, il ne leur avait point échappé que les sacrificateurs et les augures qui dépeçaient les taureaux et les brebis offerts en sacrifice, qui s'en nourrissaient ou qui cherchaient à lire dans leurs entrailles, étaient parfois atteints de maladies qui leur avaient été communiquées par les victimes. Mais il est impossible de dire si ces maladies consistaient en des tumeurs vraiment charbonneuses, dans le sens que l'on donne aujourd'hui à ce qualificatif, ou si elles n'étaient pas plutôt le résultat d'inoculation de matières septiques ou putrides, de manipulation de viandes et de débris cadavériques sous un climat chaud et probablement dans des locaux imparfaitement nettoyés. Cette dernière hypothèse est la plus probable, si l'on réfléchit que les victimes offertes aux dieux devaient être saines, choisies qu'elles avaient été par la foi populaire, puis soigneusement examinées par les prêtres avant leur immolation.

Quoi qu'il en puisse être, dans l'antiquité, les troupeaux étaient décimés par des maladies épizootiques meurtrières, parmi lesquelles figure l'*ignis sacer*, le feu sacré. D'autre part, les médecins de l'homme ont décrit sous le même nom une affection sur laquelle nous reviendrons. A peu d'exceptions près, les écrivains modernes ont voulu y reconnaître, tant chez l'homme que chez les animaux, le charbon, qui a même conservé jusqu'à nous le nom de feu sacré. Une étude attentive des textes ne nous a pas permis de nous ranger à cette opinion.

Quand les poètes nous parlent du feu sacré, parfois ce n'est pour eux qu'une figure de rhétorique, comme ce paraît être le cas de Lucrèce (1). D'autres fois, ils englobent sous cette appellation plusieurs maladies sévissant simultanément. Si le lecteur se reporte au récit que Virgile fait au livre III des *Géorgiques*, il en retirera cette conviction. *Nec via mortis erat simplex*, la mort se présentait sous plus d'une forme, dit Virgile, ce qu'il faut interpréter assurément en pensant que la mort était causée par plusieurs affections différentes.

En passant des poètes aux agronomes, nous voyons que ni Porcius Caton, ni Varron, ni Palladius ne parlent de l'*ignis sacer*. Seul, Columelle le signale; mais la maladie qu'il décrit sous ce nom (2), dans le chapitre où il parle des moutons, est la clavelée ainsi que cela ressort de toute la lecture du passage commençant par : *Est etiam insanabilibus ignis sacer, quem pusulam vocant pastores...* Quand cet agronome, le plus instruit en économie rurale de l'antiquité, nous parle des maladies des chevaux et des bœufs, il ne signale point le feu sacré parmi elles; il le réserve, nous venons de le dire, pour l'espèce ovine. Nous pensons qu'on doit plutôt voir le charbon dans les tumeurs très dangereuses que Columelle signale sur les membres du gros bétail et qu'il attribue, avec toute l'antiquité, aux morsures de la musaraigne (*loc. cit.*, liv. VI, XXVII), croyance étrange, qui

(1) Lucrèce, *De rerum natura*, liv. IV.
(2) Columelle, *De re rustica*, liv. III, § 5.

fut acceptée jusqu'à la fin du siècle dernier, époque où Lafosse fils démontra que l'intervention de la musaraigne dans la formation de ces tumeurs est une fable. Aujourd'hui encore, dans quelques campagnes, on appelle MUSARAIGNE la tumeur charbonneuse symptomatique de la cuisse. Dans plusieurs points de la France où cet animal est rare, nous avons entendu attribuer ses prétendus méfaits au putois.

P. Végèce ne parle point non plus du feu sacré, mais il cite aussi la morsure de la musaraigne comme venimeuse et amenant une tuméfaction dangereuse (1). Ce que nous venons de dire à propos de Columelle s'applique de tous points ici et nous n'insistons pas.

La compilation des médecins anciens, sans nous éclairer beaucoup sur ce que nous voudrions savoir, nous fournit pourtant des renseignements de quelque intérêt.

Hippocrate parle en divers endroits du charbon ou, plus exactement, des charbons, ἄνθρακες, car il se sert toujours du pluriel. « Dans l'été, on voit un grand nombre de *charbons* et d'autres affections qu'on appelle septiques (2). » Mais l'absence de description, l'emploi du pluriel ne nous permettent de conjecturer autre chose que l'existence de tumeurs dont la nature reste absolument indéterminée, tellement que des médecins érudits ont pensé que le père de la médecine avait voulu, par là, désigner la petite vérole.

Galien parle du charbon en plusieurs endroits. Voici un des passages les plus explicites : « Il y a aussi une autre maladie produite par une tumeur épaisse et brûlante ; elle commence par une pustule qui se rompt et à laquelle succède un ulcère entouré d'une croûte. Dans l'épidémie de charbon qui fit de grands ravages en Asie, la peau, dit-

____

(1) Végèce, *Artis veterinariæ sive mulo medicina*, liv. III, LXXXII, in *Scriptores rei rusticæ veteres latini*, Lepsiæ, 1735.

(2) Hippocrate, *Epid.* III, III, VII.

on, s'ulcérait de suite sans pustule antécédente (1). »

« Le charbon, dit Paul d'Égine, est un ulcère couvert d'une croûte qui commence par une pustule ; il est causé par le sang devenu atrabilieux et effervescent. Le feu sacré produit aussi des ulcères, mais qui n'exigent pas un traitement énergique ; il suffit de faire des applications détersives et émollientes comme dans l'érysipèle : celles qui paraissent les plus efficaces sont celles de vin et d'huile ou encore de grenades écrasées et macérées dans le vinaigre (2). »

Celse est l'auteur qui parle le plus longuement du charbon et du feu sacré, mais dans deux paragraphes distincts (3).

« Parmi les lésions de cause interne, la plus mauvaise est le charbon. Il est caractérisé par une rougeur à la peau avec pustules plus élevées, noires ou livides et pâles. Ces pustules sont remplies de sanie ; au-dessous, la couleur de la peau est noire et plus dure que dans l'état naturel. Autour, se forme une croûte reposant sur des bords enflammés et sur un fond déprimé. Ce mal est accompagné de somnolence et de fièvre. Il s'étend d'ailleurs plus ou moins vite ; lorsqu'il attaque le gosier, il y a menace de suffocation. La meilleure manière de le traiter est la cautérisation pratiquée aussitôt que possible... »

« On doit aussi mettre au rang des ulcères le feu sacré. Il y a deux espèces de feu sacré : la première a une couleur tirant sur le rouge, ou mêlée de blanc et de rouge ; la peau est rugueuse parce qu'elle est couverte de pustules rapprochées, très petites et d'égale grosseur. Ces pustules sont presque toujours remplies de pus et accompagnées de rougeur et de chaleur. Le mal s'étend quelquefois d'un autre

(1) Galien, *De therap. meth.*, liv. XIV, x.
(2) Paul d'Égine, *Opera*, liv. IV, xxv.
(3) Celse, *De medicina*, liv. V, xxviii.

côté, tandis que celui qui a d'abord été attaqué se guérit. Quelquefois, après la rupture des pustules, il existe un ulcère d'où s'écoule une humeur tenant le milieu entre la sanie et le pus. Cette maladie attaque surtout la poitrine, les côtes, ou les parties saillantes du corps et principalement la plante des pieds.

« Le feu sacré de la seconde espèce est un ulcère peu profond, s'étendant en surface sans creuser, inégalement livide, se guérissant au centre, tandis qu'il s'étend à la périphérie. La peau environnante est gonflée et dure, d'une couleur rouge tirant sur le noir. Cette seconde espèce attaque toujours les vieillards ou les individus cacochymes, et se manifeste principalement aux jambes. Le feu sacré est le moins dangereux des ulcères rongeants, mais aussi il est le plus difficile à guérir. »

Pline, de son côté, nous fournit un témoignage très précieux. Il dit formellement (1) que le charbon, maladie particulière à la Gaule narbonnaise, s'est introduit pour la première fois à Rome pendant la censure de L. Paullius et de Q. Marcius (an de Rome 590).

« *L. Paullo, Q. Marcio censoribus* PRIMUM *in Italiam carbunculum venisse, Annalibus conscriptum est, peculiare Narbonensis provinciæ malum.* »

.Pline n'établit aucune relation entre l'*ignis sacer* et le charbon, il ne dit point que les animaux le transmettent à l'homme, il nous apprend seulement que L. Bassus mourut d'une piqûre qu'il s'était faite avec une aiguille ; il ajoute que le mal naît dans les parties cachées du corps et commence par un bouton sous la langue.

De ce qui vient d'être reproduit, il résulte : 1° que les médecins anciens ont séparé nettement le feu sacré du char-

____

(1) Pline, *Histoire naturelle*, liv. XXVI, § 4.

bon dans leurs descriptions; 2° que l'*ignis sacer* était, soit un eczéma suivi d'ulcération, soit un ulcère tenace analogue à ce qu'on voit sur les jambes des vieillards ou des individus affaiblis; 3° qu'à la rigueur, on peut voir la pustule maligne dans la tumeur charbonneuse, sans pourtant que la chose apparaisse bien clairement; 4° qu'aucun auteur ancien n'a établi de rapport de cause à effet entre l'apparition du charbon chez l'homme et la manipulation de débris cadavériques provenant d'animaux atteints d'*ignis sacer* ou d'autres affections analogues.

L'histoire médicale de la période qui comprend l'ère actuelle jusqu'au dix-septième siècle n'est pas capable de jeter quelque jour sur les questions qui nous occupent. Certes, les épidémies et les épizooties n'ont pas dû manquer pendant les ébranlements et les migrations qui ont accompagné l'invasion et l'établissement des peuples du nord en Europe, après le démembrement et la chute de l'empire romain; les grands déplacements d'hommes et de bétail ont toujours cette conséquence. Mais elles n'ont pas eu d'historiens. Elles n'ont pas manqué non plus au moyen âge, mais les chroniques de ce temps ne nous éclairent pas plus sur leur nature que les écrits des poètes et des législateurs anciens. Il n'en pouvait, du reste, point être autrement; on vivait sur l'antiquité, ni la langue ni la médecine n'étaient édifiées, et la première eût été impuissante à décrire clairement ce que la seconde voyait mal.

La Renaissance ne nous fournit pas davantage de documents utiles; l'essor que prirent alors les arts et les lettres ne se communiqua guère aux sciences médicales; pour que celles-ci sortissent du chaos où l'esprit trop crédule et trop timide des médecins les maintenait, l'application rigoureuse de la méthode cartésienne était nécessaire en attendant que la méthode expérimentale vînt déchirer les voiles que seule l'observation est impuissante à écarter. C'est donc, à notre avis, montrer trop de complaisance que de qualifier, sans restriction, de charbonneuses plusieurs des épizooties de cette période. Il y a des probabilités pour que quelques-unes aient eu cette nature, mais ce sont des probabilités et rien de plus. Qu'est-ce, par exemple, que cette épizootie de 1514 qui sévit sur les bovidés du Frioul et de la campagne de Venise et de Vérone? « Le mal, dit Fracastor, se jetait à l'extérieur, sur les épaules et les pieds; lorsque cela arrivait, ils guérissaient presque tous. Ceux en qui cette éruption n'avait pas lieu mouraient pour l'ordinaire. » Qu'est-ce que le *tac* des brebis, dont parle Belon, qui se manifestait par des taches livides ou noires à la peau, et détruisait les troupeaux?

Quittons ces obscurités, entrons dans des temps plus modernes, examinons les relations qui nous ont été laissées au sujet de maladies qualifiées de charbonneuses, et soumettons-les au contrôle de la critique. Nous verrons avec étonnement quelle inextricable confusion a régné à leur endroit, quelles idées étranges on s'est fait de leur nature, quelles difficultés on a éprouvées à jeter de la clarté dans leur étude, et cet examen fera mieux comprendre pourquoi nous nous sommes tenus dans une grande réserve vis-à-vis des récits concernant les époques que nous avons passées en revue jusqu'à présent.

Nous allons rattacher à trois périodes, classer en trois groupes les écrits sur les maladies charbonneuses qu'il nous reste à examiner, et dans chacune de ces périodes nous rechercherons la part qui revient à l'une et à l'autre médecine dans les progrès accomplis. La première période embrassera les travaux des dix-septième et dix-huitième siècles jusqu'à l'année 1782, date de la publication du livre de Chabert; la deuxième, ceux qui ont été publiés depuis l'apparition de ce Traité jusqu'en 1850, époque de la découverte de la bactéridie du sang-de-rate, et la troisième ira depuis ce moment jusqu'en 1879, où fut établie une séparation scientifique et rigoureuse entre le sang-de-rate et le charbon symptomatique.

I. Première période. — Pendant la plus grande partie de cette période, la médecine vétérinaire n'était point constituée et les soins à donner aux animaux étaient abandonnés aux maréchaux, aux hippiâtres et aux bergers. Lors d'épizooties meurtrières, l'administration avait recours aux lumières des médecins de l'homme, d'autant plus que la contagion passait parfois des bestiaux à l'espèce humaine ; c'est la raison pour laquelle les épizooties des dix-septième et dix-huitième siècles sont décrites par les sommités médicales de l'époque. Mais, mal préparés à ce genre d'études, les médecins n'y ont jeté qu'une lumière confuse, comme cela appert particulièrement pour les affections charbonneuses. Un résumé des principales épizooties regardées comme charbonneuses nous est nécessaire pour la discussion à laquelle nous voulons nous livrer.

Au dix-septième siècle, deux épizooties semblent avoir présenté ce caractère. La première date de 1617 ; sa relation nous a été donnée par le père Kircher, qui nous apprend qu'après le débordement des rivières et l'envasement des fourrages, les bœufs eurent des tumeurs à la gorge qui les suffoquaient, et il ajoute que les campagnards qui mangeaient les chairs étaient atteints de la même maladie. La seconde régna en 1682 et 1683 dans le Lyonnais, le Dauphiné, puis en Italie, en Suisse, en Allemagne et en Pologne. Paulet (1) dit qu'elle se caractérisait par un chancre à la

____

(1) Paulet, *Recherches historiques et physiques sur les maladies épizootiques.* Paris, 1775.

langue, quelquefois par une « squinancie maligne ou par la rate pourrie ».

Au dix-huitième siècle, les affections épizootiques paraissent avoir été nombreuses, et, parmi elles, plusieurs sont unanimement regardées comme de nature charbonneuse ; mais on va voir qu'en les observant et les étudiant de près, à la lumière des acquisitions scientifiques récentes, le doute surgit dans l'esprit quant à leur véritable nature et les ténèbres s'épaississent.

En 1712, une peste sévit dans les environs d'Augsbourg sur les chevaux, les bœufs, les porcs et les oies ; elle se manifeste par des tumeurs à la poitrine et aux aines. En France, à la même époque on voit sur le bétail « cette tumeur que les paysans appellent charbon qui se trouve au poitrail ou aux environs de la tête, qui ressemble aux anthrax qui arrivent aux hommes dans les maladies contagieuses (1) ».

En 1731, une épizootie se montre en Auvergne, puis en Bourbonnais, notamment aux environs de Moulins et de Gannat. On la voit aussi en Languedoc et aux environs de Nîmes. Cette épizootie est étudiée par de Sauvages, professeur à l'École de médecine de Montpellier, qui, pour désigner les tumeurs de la base de la langue qu'il avait observées sur maints sujets atteints, introduit dans la pathologie des affections charbonneuses le nom de *Glossanthrax*.

En 1757, une épizootie éclate dans la généralité de Paris ; son étude est confiée à Audouin de Chaignebrun, médecin et ancien chirurgien des hôpitaux et armées du Roi. Ce médecin nous apprend que la maladie frappe les chevaux, les ânes, les bêtes à cornes, les cochons, les chiens, les poules, les poissons, les cerfs de la forêt de Crécy et quelques troupeaux de moutons de la Brie. Il se croit en pré-

____

(1) Herment, cité par Paulet, *loco citato*.

sence d'une maladie nouvelle, d'une « *fièvre épidémique, contagieuse, inflammatoire, putride et gangréneuse* », qui se présente sous trois formes. Dans la première, les animaux n'ont des tumeurs inflammatoires qu'au dehors; dans la deuxième, ce sont les parties internes seulement qui sont malades; dans la troisième, les parties internes et externes sont également affectées. De Chaignebrun se sert du mot charbon, mais en lui donnant un sens particulier et restreint. Il faut, dit-il, extirper les CHARBONS des grandes et petites tumeurs, puis faire des scarifications à la circonférence de la plaie. Il y a, dit-il encore, des charbons *primitifs* lorsqu'il ne s'y trouve qu'une disposition putride, et des charbons *consécutifs* quand il y a gangrène. Enfin, il nous apprend qu'il survint des tumeurs chez des hommes qui avaient dépouillé des cadavres.

En 1760, une épizootie qualifiée de *lovat* ou *louvet* attaque chevaux et bêtes à cornes en Suisse. On remarquait une tumeur vers la poitrine, les mamelles et les parties génitales; la mort arrivait généralement le quatrième jour, et à l'autopsie on trouvait des tumeurs noires avec sérosité jaunâtre. Elle a été étudiée par le médecin Reynier (1), qui l'attribue « aux sels alcalins des aliments », et qui dit que « quelques curieux ayant fait ouvrir la veine des bêtes prêtes à périr, il n'en est sorti qu'une sérosité purulente ayant à peine quelque rougeur ».

En 1762, le bétail de l'Auvergne, du Limousin, de la généralité de Moulins, du Bugey, de la Champagne, du Forez et du Dauphiné est attaqué par une maladie que Barberet qualifie de « *fièvre putride inflammatoire et gangréneuse* ». Les animaux atteints ressentaient des douleurs considérables le long de l'épine dorsale; il survenait indistinctement

____

(1) Reynier, *Le louvet, ses causes, ses remèdes*. Lausanne, 1762.

sur tout le corps des tumeurs qui faisaient entendre par la pression une crépitation ou bruit semblable à celui que fait un parchemin sec que l'on comprime.

En 1763, une maladie charbonneuse se déclare dans l'élection de Marennes et dans la généralité de La Rochelle; elle est étudiée par Nicolau, docteur en médecine, qui l'appelle *fièvre putride maligne, pourprée et pestilentielle.*

Nous sommes arrivés à la date de la fondation des Écoles vétérinaires. Avant d'examiner les travaux sortis de ces établissements, arrêtons-nous pour rechercher ce qui se dégage des faits exposés par les médecins.

Faut-il attribuer la nature charbonneuse aux épizooties de 1712 et 1757 qui firent périr le gros bétail, les porcs, les oiseaux de basse-cour et les poissons? Les recherches de M. Pasteur ont montré que le sang-de-rate ne se communique pas aux oiseaux; les nôtres nous ont conduits à la même conclusion pour le charbon symptomatique, et, de plus, elles nous ont fait voir que le porc n'a pas de réceptivité pour le charbon symptomatique, et une très faible seulement pour le sang-de-rate. Ici, comme dans l'antiquité, on a donc réuni en un seul groupe, lors de ces épizooties, des maladies de nature différente.

La signification donnée pendant cette période au mot charbon a certainement contribué pour une part considérable à entretenir la confusion. C'est simplement un synonyme de tumeur, de gonflement, d'exanthème, d'érysipèle, de bubon. On devine quelle confusion résulte d'une pareille synonymie. Plus tard, on veut identifier le mot charbon à des affections spéciales, mais on le fait d'une façon si arbitraire que le chaos n'est pas moins grand. C'est ainsi que Paulet, dont les *Recherches historiques et physiques sur les maladies épizootiques* parurent en 1775, tout en employant parfois le terme de charbon comme il vient d'être dit, nous parle aussi d'un charbon des chevaux, d'un charbon des bœufs, d'un charbon du Languedoc propre aux brebis de ce pays, etc.

Quand les auteurs veulent traiter de la nature du mal, ils se laissent dominer par l'ancienne doctrine médicale de l'humorisme, associée à celles plus récentes de l'iatro-chimisme et de l'inflammation ; ils se disent en présence de *fièvre inflammatoire putride et gangréneuse*, de *fièvre putride maligne pourprée* qu'ils différencient si mal d'autres affections, qu'en 1771, une épizootie de typhus s'étant déclarée dans le Laonnais, Dufot, médecin pensionnaire du Roi et de la ville de Soissons, l'appelle *fièvre putride maligne ;* en 1773, une seconde invasion de la maladie s'étant montrée dans le Soissonnais, on l'appelle cette fois *fièvre putride inflammatoire.*

Deux tentatives doivent pourtant être signalées, deux noms tirés de l'oubli. L'idée de spécificité des maladies charbonneuses apparaît nettement chez Boissier de Sauvages. Dans sa *Nosologie méthodique* publiée en 1768, il distingue l'anthrax simple et l'anthrax pestilentiel, et, dans ce dernier, il fait entrer comme dérivés le glossanthrax et l'avant-cœur (1).

L'année suivante, Fournier (2) s'élève contre la confusion faite généralement entre les furoncles, les érysipèles et le *charbon malin.* Celui-ci, pour Fournier, est causé principalement par la manipulation des chairs de moutons morts du charbon ou de la clavelée (*sic*). Il forme chez l'homme une tumeur dure, douloureuse, rouge vif à la circonférence, noire au centre. Mais où il paraît s'embrouiller, c'est quand il différencie ce charbon malin de la pustule maligne de Bour-

____

(1) Boissier de Sauvages, *Nosologia methodica.* Amsterdam, 1768, t. I, 147 et 417.

(2) Fournier, *Observations et expériences sur le charbon malin, avec une méthode assurée de le guérir.* Dijon, 1769.

Art. Corn. et Th. — *Charbon symptomatique.*   2

gogne. Celle-ci ne paraîtrait qu'au visage, au cou et aux mains, elle n'est jamais circonscrite par le cercle rouge et luisant du charbon malin, et elle n'est pas accompagnée de symptômes généraux fâcheux.

Les hippiâtres et les guérisseurs de bestiaux n'eurent pas et ne pouvaient avoir des notions plus nettes que les médecins de leur temps sur la nature de beaucoup d'affections, soit tout à fait locales, soit générales, putrides et gangréneuses. Paulet nous apprend qu'ils appelaient « charbon toute tumeur n'occupant pas une glande et ayant dans son centre un durillon ou bouton dur sur lequel le poil de l'animal est frisé ou rebroussé et comme grillé ».

Horace de Francini, qui écrivait en 1607, parle des « carboncles » du cheval; il signale la gravité du mal et recommande de séparer le malade de ses compagnons. Les hippiâtres qui vinrent après semblent avoir perdu la notion de l'existence du charbon chez le cheval, seul animal dont ils s'occupassent d'ailleurs. Solleysel (1713), Gaspard de Saunier (1734) et Garsault (1751) parlent des tumeurs dites avant-cœur et estranguillon, dans les termes les plus bizarres et sans se douter le moins du monde de leur nature. Lafosse père (1766) n'en parle pas; mais son fils, dont le livre date de 1776, démontre que le mal de cuisse n'est pas dû, comme on l'avait cru jusque-là, à la morsure de la musaraigne; il le qualifie de dépôt critique formé à la suite d'une fièvre inflammatoire.

Enfin les Écoles vétérinaires sont fondées, la médecine des animaux va entrer dans une voie nouvelle, et l'on ne se contentera plus d'étudier exclusivement le cheval. Seulement tout était à créer et rien d'étonnant à ce que, dans leurs premières œuvres, les professeurs vétérinaires aient répété à peu près textuellement ce qui avait été écrit par les médecins.

C'est ainsi que vers la fin de 1762, une formidable épizootie éclatant à Meyzieux, près Lyon, Bourgelat, qui voit les malades, les traite pour une « *squinancie maligne gangréneuse* ».

En 1763, l'École vétérinaire de Paris, comme on disait alors, consultée à propos du mémoire de Nicolau, dont nous avons parlé, appelle la maladie charbonneuse qu'il avait décrite *fièvre putride et gangréneuse*. En 1770, la même École s'occupe de « l'esquinancie gangréneuse » qui règne en Flandre ; elle l'attribue « peut-être à un venin inconnu » ou aux circonstances atmosphériques.

Signalons enfin Vitet qui, dans sa *Médecine vétérinaire*, éditée en 1771, s'occupe des affections carbunculaires qu'il divise en : 1° charbon simple et peu transmissible ; 2° charbon pestilentiel très contagieux ; 3° musaraigne qui siège toujours à la cuisse ; 4° feu Saint-Antoine particulier aux moutons. Il décrit dans un chapitre spécial l'avant-cœur, qu'il considère comme une tumeur inflammatoire violente du poitrail.

II. Deuxième période. — On était, dans l'une et l'autre médecine, au milieu de cette confusion, quand vint Chabert qui, en 1782, publie ses observations sur les maladies charbonneuses (1). Ce grand clinicien, inspiré par un esprit critique remarquable, cherche à débrouiller le chaos ; il refuse la dénomination de charbon aux affections putrides et gangréneuses, aux œdèmes et aux raptus hémorrhagiques ; il la réserve à ce qui, depuis la publication de ses observations, est connu sous les noms de *fièvre charbonneuse*, de *charbon essentiel* et de *charbon symptomatique*. Ces trois appellations, dans sa pensée, correspondent à des variétés symptoma-

---

(1) Chabert, *Traité du charbon ou anthrax dans les animaux*. (La septième édition, que nous avons entre les mains, est datée de 1790.)

tiques d'un même état morbide, identique quant à son essence
intime, différant seulement dans son mode de manifesta-
tion extérieure, suivant les dispositions particulières des
sujets, leur tempérament et « la nature de l'humeur qui
donne lieu à ces sortes de maux ». Quand la maladie évolue
sans manifester son existence par des tumeurs extérieures,
c'est la fièvre charbonneuse ou charbon interne. Lorsque
des tumeurs apparaissent, le charbon est essentiel ou symptomatique. Il est essentiel, quand la tumeur débute d'emblée, sans prodromes et sans autres signes maladifs que
ceux qui résultent de son existence ; cette tumeur est d'abord
petite, dure, rénitente, douloureuse ; puis elle grossit et,
avec son accroissement, se montrent des symptômes généraux graves. Incisés, les tissus qui les forment sont noirs et
comme gangrenés ; « la teinte noire se voit même dans la
moelle des os ».

Il est symptomatique quand la tumeur est consécutive à
un mouvement fébrile, qu'elle a été précédée de tristesse,
d'inappétence, d'arrêt de la digestion, de frissons, de raideur générale. (Chabert, *loco citato*.)

Les idées de Chabert étaient un grand progrès sur ce
qu'on savait jusqu'alors ; elles éliminaient des affections qui
n'avaient rien du charbon et réduisaient à trois les variétés
de celui-ci. Aussi furent-elles adoptées, non sans quelque
résistance pourtant, par la généralité des médecins et des
vétérinaires et pendant près d'un siècle, elles régnèrent
en maîtresses dans les ouvrages spéciaux et dans l'enseignement.

Presque au même moment, un collègue de Chabert, Gilbert, repoussait ces distinctions. « Les divisions et subdi-
visions, dit-il, qui ont été faites des maladies charbonneuses, au lieu de jeter plus de jour sur leur diagnostic, me
paraissent, au contraire, l'avoir beaucoup obscurci... toutes

ces prétendues espèces ne sont que les symptômes d'une
fièvre putride gangréneuse (1). » Et il voyait la cause principale de cette fièvre dans l'usage d'aliments avariés et
notamment d'avoine javelée. Comme Chabert, Gilbert pro-
clamait l'unité de l'affection charbonneuse, mais il se servait pour la désigner d'une appellation employée précédemment et qui ne pouvait qu'entretenir la confusion sur sa nature.

Boutrolle, qui publiait *Le parfait bouvier* en 1797, igno-
rait sans doute les travaux dont il vient d'être parlé. « Il y
a, dit-il, un mal qui se nomme *mal de cuisse* parce qu'étant
dans la cuisse il contraint l'animal de boiter d'un pied de
derrière. C'est une espèce de gangrène ou tac, maladie
presque incurable. » Il n'est pas difficile de deviner qu'il
s'agit ici du charbon symptomatique, quoique l'auteur n'en
dise rien.

Un autre écrivain qui, s'écartant des vues de Chabert,
fit une tentative malheureuse de classification des maladies
charbonneuses est Guersant (1815). Dans son *Essai sur les
Épizooties*, il reconnaît une fièvre ataxo-adynamique charbonneuse ou typhus charbonneux qui peut être une maladie avec ou sans tumeurs. Quand elle présente des tumeurs,
elle prend le nom de charbon symptomatique blanc ou noir
suivant la coloration de celles-ci. Dans un second groupe,
il réunit le charbon essentiel du bétail et la pustule maligne
de l'homme qu'il ne croit pas identiques aux charbons à
tumeur du premier groupe. Il y fait entrer aussi un prétendu charbon du porc qu'il appelle soie ou soyon.

Un dissident qu'il faut mentionner aussi est Plasse, de Niort.
Dans un livre (2) où malheureusement la « raison imagina-

----

(1) Gilbert, *Recherches sur les causes des maladies charbonneuses dans les
animaux*, Nancy, an IV, p. 29 et 30.

(2) Plasse, *Découverte des causes des épizooties et des épidémies typhoïdes*.
Niort, 1849.

tive » tient une place trop considérable, Plasse affirme la nécessité d'une distinction à faire dans les affections charbonneuses. Pour lui, il est deux sortes de charbon, l'un qu'il qualifie de *virulent* et l'autre de *gangréneux*. Si la distinction que propose cet observateur est nécessaire, comme nous le démontrerons plus loin, il n'en prouve pas le bien fondé par l'expérimentation et les qualificatifs qu'il emploie ne peuvent être acceptés. En effet, ce qu'il oppose au charbon virulent, ce qu'il appelle simplement charbon gangréneux, c'est la fièvre charbonneuse, c'est-à-dire une maladie bien spécifique et plus éloignée de la gangrène que son charbon virulent.

Au surplus, qu'on nous permette une courte citation de l'ouvrage de Plasse, pour montrer la nature et par suite la valeur de ses conceptions en pathologie :

« Dans les terminaisons heureuses (il s'agit de la fièvre charbonneuse), les symptômes se calment insensiblement par une résolution sans crise apparente ; il survient souvent une crise manifestée par des engorgements, des ulcères, des infiltrations, des éruptions à la peau, des aphthes aux lèvres, à la langue ou dans les narines, des crapauds, la morve, le farcin. » (*Loco citato*, 79.)

A part ces tentatives, tous les auteurs se conformèrent d'une façon plus ou moins étroite aux idées de Chabert. De Gasparin (1) les admet, sans l'avouer toutefois et en y mêlant fort mal à propos ses vues sur le rôle de la gastro-entérite dans le charbon. Delafond (2), Gellé (3) les suivent scrupuleusement ; Lafore (4), aux trois formes admises par Chabert, ajoute le charbon blanc et le glossanthrax tout en reconnaissant l'unité de la maladie.

(1) De Gasparin, *Des maladies contagieuses des bêtes à laine*, 1821.
(2) Delafond, *Traité de police sanitaire des animaux domestiques*, 1839.
(3) Gellé, *Pathologie bovine*, édition de 1840.
(4) Lafore, *Traité des maladies particulières aux grands ruminants*, 1843.

Nous verrons, dans le paragraphe suivant, quelles idées régnaient en médecine humaine sur le charbon pendant cette période.

III. TROISIÈME PÉRIODE. — Au mois d'août 1850, Rayer et Davaine découvrent la bactéridie charbonneuse dans le sang d'un mouton mort du sang-de-rate. Leur découverte est confirmée en 1855 par Pollender, en Allemagne, en 1856 par Delafond, en 1857 par Brauell, de Dorpat. Mais, malgré les travaux de ces savants, on doute, en France et à l'étranger, de la causalité de la bactéridie dans la fièvre charbonneuse, on considère généralement, jusqu'en 1877, le microphyte comme un résultat, comme un épiphénomène. Les esprits n'étaient pas suffisamment préparés à comprendre la multiplication, la propagation et l'influence de la bactéridie, malgré les beaux travaux de M. Pasteur sur les fermentations et les ferments animés, pour attribuer à elle seule l'apparition des maladies charbonneuses. Les théories humorales les dominaient encore.

Il a fallu les cultures de M. Koch, les expériences si précises en ce genre et les filtrations ingénieuses de M. Pasteur pour dessiller tous les yeux et établir irréfutablement qu'en l'absence de la bactéridie spécifique, le *Bacillus anthracis*, il n'y a pas de sang-de-rate. Les observations de M. Toussaint sur la marche suivie par les bactéridies dans l'infection naturelle ont également contribué à ce résultat (1). L'opposition tenace de M. Colin, en forçant à multiplier les expériences et les faits, n'y a point non plus été étrangère.

Cette résistance à voir dans le *Bacillus anthracis* l'agent unique et nécessaire de la production du charbon eut une

____

(1) Toussaint, *Recherches sur la maladie charbonneuse*, Lyon, 1879.

conséquence fâcheuse : on ne rechercha point ou l'on rechercha à peine si ce microphyte existait dans toutes les
formes réputées charbonneuses, on ne se préoccupa point
s'il était la condition *sine qua non* de leur naissance, et conséquemment si elles avaient la même origine. On continua
à admettre que les tumeurs du charbon symptomatique
étaient de celles qu'on qualifie de *critiques*, « qu'elles sur-
viennent dans le cours de la fièvre charbonneuse par suite
d'un effort de la nature médicatrice qui porte le virus sous
la peau afin de l'expulser au dehors ».

« La nature est dans tout son triomphe, disait Plasse,
lorsque, par le fait d'une réaction générale, elle parvient à
déposer le principe toxique sur une des parties extérieures
du corps. »

Les vétérinaires de la Beauce et du pays chartrain, notamment Gareau et M. Boulet, qui recueillirent de nombreuses et intéressantes observations sur les maladies charbonneuses, ne surent point s'affranchir de cette hypothèse.
C'est également en s'appuyant sur elle que la Commission
d'Eure-et-Loir, dont les études ont été si longues, si remarquables à bien des égards, établit la communauté de nature
et d'origine entre la pustule maligne, le sang-de-rate, la
maladie de la vache et le charbon du cheval.

Les auteurs de l'article CHARBON du *Nouveau Dictionnaire
de médecine, chirurgie et hygiène vétérinaires*, MM. Renault
et Reynal, la Commission officielle déléguée pour étudier le
mal de montagne qui décimait les bœufs des pâturages de
l'Auvergne en 1868, partagent cette opinion.

L'identité de nature est également admise par M. Lafosse,
de Toulouse (1), par Cruzel (2) et par Zundel, dans l'article

(1) L. Lafosse, *Traité de Pathologie vétérinaire*, t. III, 1868.
(2) Cruzel, *Traité pratique des maladies de l'espèce bovine*, première édition
publiée en 1869.

CHARBON du *Dictionnaire* d'Hurtrel d'Arboval, qu'il a publié en 1874.

Ce dernier auteur, dans une communication faite à la Société vétérinaire d'Alsace-Lorraine en 1882, a même déclaré rester dans le doute sur la réalité de la différenciation que nous avons établie, pour le motif puéril qu'il a vu « les deux formes se montrer ensemble dans une même épizootie charbonneuse (1) ».

A l'étranger, la même doctrine a cours. Röll l'enseigne à Vienne (2) ; on s'y conforme en Italie (3), en Belgique (4), en Angleterre (5 et 6).

Bref, les vues de Chabert tiennent toujours. D'ailleurs, ainsi que cela arrive souvent et que nous l'avons déjà vu à propos de la signification à donner au feu sacré, les auteurs se copient et se répètent ; ils disent, par exemple, avec unanimité, en parlant du sang des sujets charbonneux, qu'il est noir, incoagulé, poisseux dans toutes les formes. Nous verrons bientôt ce qu'il faut penser de cette assertion.

Pourtant des expériences avaient été faites, des résultats avaient été obtenus qui auraient dû mettre sur la voie de la vérité. Prenons comme exemple ce qui s'est passé à la Commission du mal de montagne de l'Auvergne en 1868. Cette

(1) *Procès-verbaux des réunions de la Société vétérinaire d'Alsace-Lorraine.* Strasbourg, 1883, p. 71.

(2) Röll, *Manuel de Pathologie et Thérapeutique des animaux domestiques.* 1869.

(3) Voir le travail du docteur Miglioranza, *Dell'Anthrax in genere.* Padoue, 1879.

(4) Dessart, *Etude résumée de la maladie charbonneuse considérée sous le rapport de la police sanitaire,* in *Annales de médecine vétérinaire,* 1881, p. 185 et 249.

(5) Williams, *The principles and Practice of veterinary medicine.* (Dans la troisième édition de cet ouvrage, parue en 1882, l'auteur a ajouté un supplément à la fin du volume, dans lequel il fait connaître le résultat de nos recherches.)

(6) Wiltshire, *Anthrax in Natal,* in *The Veterinarian,* novembre 1882.

commission ou plus exactement son rapporteur, M. Sanson, a vu le charbon symptomatique et la fièvre charbonneuse. L'examen microscopique « prolongé et approfondi » du sang d'une tumeur charbonneuse pendant la vie et celui de la jugulaire après la mort ne lui ont montré aucune bactéridie. Un mouton inoculé avec le liquide de la tumeur mourut en vingt-quatre heures ; mais deux taurillons inoculés avec le sang de la jugulaire n'éprouvèrent aucun mal. Une vieille brebis cachectique inoculée dans les mêmes conditions ne mourut que quinze jours après, de la cachexie assurément, puisque son autopsie ne révéla aucune des lésions habituelles du charbon et que l'inoculation de son sang à deux vaches fut infructueuse. De pareils résultats fournis par le microscope et la lancette auraient dû, semble-t-il, commander au moins le doute et pousser, par des inoculations ultérieures faites avec le sang du premier mouton qui avait succombé, à la recherche de la cause véritable de sa mort. Faute de s'y être arrêté, M. Sanson, probablement sous l'influence des idées courantes à cette époque, a conclu à l'identité de nature de toutes les formes de charbon, et aucun de ses collègues de la Commission n'a réclamé contre cette conclusion (1).

Ajoutons que la véritable solution du problème était partiellement contenue dans un travail fort ancien. En 1786, la maladie, désignée déjà sous le nom de *mal de montagne* qu'elle a conservé, désolait les pentes sud-ouest du Mont-Dore et nord-ouest du Lioran. Sur la demande du gouvernement, Petit, élève de l'École d'Alfort, fut envoyé à Ardes pour étudier et arrêter le fléau. Les descriptions de Petit ne laissent aucun doute sur l'existence du charbon symptomatique. Mais, comme cette affection coexistait avec

_____

(1) A. Sanson, *Rapport sur le mal de montagne*, 1868.

la fièvre charbonneuse, la diversité des symptômes observés sur les victimes égara l'opinion des praticiens et des agriculteurs (1).

On incrimina, tour à tour, les eaux, le sol, les plantes. Ni les efforts de Marret, vétérinaire à Allanche, ni les recherches de Lecoq et Aubergier, de Clermont, ni les Commissions nommées par le ministre de l'agriculture, en 1861 et en 1868, ne parvinrent à trancher la question. Le charbon resta toujours une affection polymorphe.

En face de ce consensus dans la manière de comprendre le charbon et la tumeur charbonneuse, deux voix s'élevèrent en France contre cette opinion. Pour Davaine qui, depuis 1850, étudiait la bactéridie et le charbon, c'était une vieille erreur que de considérer comme critiques des tumeurs charbonneuses, erreur due à une interprétation fausse de la marche de la maladie. « Les bactéridies privées de mouvement ne peuvent spontanément quitter les organes et se rendre dans une région déterminée du corps ; d'un autre côté, l'économie du malade ne peut rassembler ces millions de petits êtres répandus partout, et les diriger vers un point particulier de l'organisme. Pour amener un tel résultat, il faudrait supposer l'établissement d'une filtration et d'une circulation que la physiologie ne nous permet pas d'admettre. Les tumeurs qu'on a appelées critiques étaient primitives et non consécutives à l'invasion du charbon ; ces tumeurs se forment aux points où le virus a été introduit du dehors, et c'est parce qu'elles sont encore localisées que l'instrument du chirurgien les guérit quelquefois (2). »

On ne peut nier plus nettement l'existence du charbon

____

(1) Petit, *Mémoire sur la maladie charbonneuse qui affecte les bêtes à cornes dans les montagnes de l'Auvergne*, in *Instructions et observations sur les animaux domestiques*, de Chabert, Flandrin et Huzard. Paris, 1791.

(2) Davaine, *Comptes rendus*, t. LXXXIV, p. 1322.

dit symptomatique ; mais cette négation formulée au nom de la théorie pure n'empêche point les faits de subsister, et la pratique met trop souvent le vétérinaire en présence de cette forme morbide, pour admettre les assertions de Davaine.

La seconde contestation émane d'un vétérinaire du département de l'Yonne, M. Boulet-Josse (1). Par l'observation des faits qu'il voyait dans sa clientèle, ce praticien se fit l'opinion que, dans les variétés de charbon admises jusqu'à ce jour, il y en a au moins une « qui n'est pas virulente », et il reconnut que dans le charbon avec tumeur, le sang, loin d'avoir le caractère qu'il présente dans la fièvre charbonneuse, ne diffère point de ce qu'il est à l'état normal, peut-être même se coagule-t-il plus promptement. Mais ne disposant pas des moyens expérimentaux nécessaires pour prouver ce qu'il avançait, sa communication, intéressante d'ailleurs, resta vague, inexacte en ce qui concerne la virulence, et ne donna pas la démonstration exigible de ce qu'il affirmait.

Dans le courant de l'année 1878, nous nous mîmes à l'étude expérimentale des affections charbonneuses et, un an après, au mois de novembre 1879, nous publiions dans le *Recueil de médecine vétérinaire*, puis dans le *Journal de médecine vétérinaire et de zootechnie*, de l'École de Lyon (2), nos premières RECHERCHES SUR LA NATURE DU CHARBON SYMPTOMATIQUE, où nous établissions nettement par l'expérimentation sa non-identité avec la fièvre charbonneuse ou sang-de-rate. En 1880, dans deux notes insérées dans les *Comptes rendus de l'Académie des sciences* (3), nous faisions connaître le microbe spécifique du charbon symptomatique, les caractères si nets

<hr>

(1) *Bulletin de la Société médicale de l'Yonne*, 1878.
(2) Numéro de janvier 1880.
(3) *Comptes rendus*, t. XC, p. 1302, et t. XCI, p. 734.

qui le différencient du *Bacillus anthracis*, son inoculabilité et l'heureuse propriété qu'il a de se transformer en vaccin quand on l'introduit dans le torrent circulatoire.

Les adhésions ne se firent pas attendre ; un praticien du centre, M. Vernant, produisit (1) des faits qui corroboraient la distinction que nous avions établie entre le charbon symptomatique et la fièvre charbonneuse, et un vétérinaire suisse, M. Strebel, de Fribourg, vint à son tour publier (2) un intéressant travail sur le même sujet, où il adhérait pleinement à notre manière de voir.

Un acquiescement, important en raison de la haute situation scientifique et administrative de son auteur, à la fois conseiller de la couronne d'Autriche et directeur de l'Institut vétérinaire de Vienne, fut donné en 1881 aux premiers résultats de nos études. M. Röll publia cette année DIE THIERSEUCHEN (*Les maladies contagieuses des animaux*), où il décrivit dans deux chapitres distincts la fièvre charbonneuse sous le nom de *Milzbrand*, et le charbon symptomatique sous celui de *Rauchsbrand*. Mais il continua à regarder l'anticœur des ruminants et le glossanthrax comme des manifestations du sang-de-rate, opinion insoutenable pour l'avant-cœur et relativement erronée pour le glossanthrax qui se voit dans le charbon symptomatique et peut-être dans la fièvre charbonneuse.

Pendant qu'en France nous travaillions dans la voie qui vient d'être indiquée, deux savants allemands, les professeurs Bollinger et Feser, se préoccupaient aussi de la nature et des causes du charbon symptomatique. Les expériences qu'ils entreprirent les amenèrent également à rejeter les vues de Chabert, et à qualifier le charbon symptomatique

(1) *Recueil de médecine vétérinaire*, 15 février 1880.
(2) *Schweizerischer Arch. fur Thierheilkunde*, septembre et octobre 1880, Berne.

de *tumeur emphysémato-gangréneuse*. M. Röll, dans l'ouvrage précité, mû peut-être par un sentiment de solidarité germanique, attribue à leurs études la distinction des deux formes de charbon et ne cite point les nôtres. Plus équitable s'est montré le docteur H. Putz (1), de l'Université de Halle, qui nous rend pleine justice.

En se reportant aux expériences de MM. Bollinger et Feser (2), on verra qu'elles sont attaquables et, partant, peu décisives, que l'appellation de *tumeur emphysémato-gangréneuse*, employée par eux, n'est pas toujours justifiée, et qu'il y a lieu de faire des réserves à propos de la quantité et surtout de la nature des matières qu'ils inoculaient, puisqu'ils n'ont pas isolé le microbe par la culture. En veut-on un exemple ? M. Bollinger cite le rat parmi les animaux doués de réceptivité pour le *Rauchbrand ;* nous le considérons, au contraire, comme réfractaire dans les conditions ordinaires et nous pensons que M. Bollinger n'a pu le tuer qu'avec un produit septicémique.

De son côté, M. Perroncito, professeur à l'École vétérinaire de Turin, a réclamé pour lui (*Recueil de médecine vétérinaire*, 15 juin 1880) la priorité de la découverte. Mais il n'a fait que constater en 1873 l'existence de micro-organismes dans les tumeurs du charbon symptomatique sans en déterminer la signification. En effet, il écrivit lui-même, à propos de cette observation : « Sur la question de savoir si les tuméfactions sont ou ne sont pas le vrai charbon, il m'est impossible de me prononcer rigoureusement. » (Re-cueil, *loco citato*.)

Nous avons d'ailleurs laissé au temps, qui met chaque

(1) Dr Putz, *Die seuchen und Herdekrenkheiten unserer hausthiere*, t. II, Stutgard, 1882.

(2) *Zeitschrift für praktische Weterinärwissenchaften*, janvier, mars 1876. *Wochenschrift für Thierheilkunde und Viehzucht*, août et septembre 1878.

chose à sa place et lui donne sa valeur réelle, le soin de
défendre notre cause. Or depuis nos premières publications,
chaque année, des médecins et des vétérinaires de la plupart des pays de l'Europe et même d'Amérique envoyés en
mission par leurs gouvernements ou venus spontanément
se sont initiés, dans nos laboratoires, à la connaissance des
maladies charbonneuses et à nos procédés d'inoculations
préventives. D'autre part, les suffrages des Sociétés sa-
vantes, les publications récentes faites en Belgique, en
Suisse, en Italie, en Russie, en Angleterre, etc., et surtout
l'extension de nos méthodes de vaccination dans les pays du
centre de l'Europe, nous ont donné si complètement gain
de cause que nous n'avons rien à ajouter.

Jetons un coup d'œil sur l'état de la question en médecine
humaine pendant les deux périodes que nous venons de
parcourir. Nous avons vu Boissier de Sauvages et Fournier
tâcher de répandre un peu de lumière et essayer une distinction nécessaire dans les tumeurs de l'homme, qualifiées
jusque-là arbitrairement de charbon. Mais leurs travaux
n'exercèrent pas sur les idées des médecins toute l'influence
qu'ils méritaient. On continua à confondre des maladies
différentes et à croire à l'apparition spontanée de la pustule
maligne. Pourtant, dès 1785, Enaux et Chaussier, et, beaucoup plus tard, l'illustre Rayer, affirmèrent, en se basant
sur les données cliniques, que toutes les pustules malignes
ne sont pas de même nature. On cite quelquefois à l'appui de
leur opinion l'expérience du docteur Boinet qui, sous l'influence des idées de Rayer, son maître, s'inocula, sans
éprouver aucun mal, la sérosité d'une pustule maligne. Les
docteurs Salmon et Manoury, la Commission d'Eure-et-
Loir inoculèrent non seulement la sérosité, mais des
escarres entières de tumeurs dites charbonneuses sans

aucun résultat. Par contre, le docteur Bourgeois, dans son *Traité de la pustule maligne et de l'œdème malin*, avance qu'une plaie simple mais suppurante peut donner le charbon. Le docteur Raimbert (de Châteaudun), dont le nom est bien connu de tous ceux qui s'occupent du charbon, distingue dans son *Traité des maladies charbonneuses* une pustule maligne vraie et un œdème gangréneux qui serait une variété atténuée de la première, produite peut-être par une matière altérée, septique, qu'il ne détermine point. M. Dumolard (de Vizille), dans un travail récent (1), distingue les pustules malignes d'après leur terminaison, en *infectantes* et *non infectantes;* mais il croit à une origine commune pour les deux sortes de pustules. Elles seraient l'une et l'autre « le résultat du virus charbonneux introduit dans l'organisme vivant, qui tantôt réagit énergiquement en amenant autour de la pustule un travail inflammatoire qui barre le passage au virus, et empêche l'infection générale, et qui tantôt reste inerte, alors que les bactéridies charbonneuses envahissent les tissus environnants, pénètrent dans le torrent circulatoire et déterminent la mort. » Ce qui revient à dire, d'après M. Dumolard, que les pustules malignes non mortelles sont des pustules dans lesquelles le *Bacillus anthracis* épuise son action sur place.

Ces opinions diverses démontrent que les médecins ne savent pas toujours à quoi s'en tenir sur la nature des diverses pustules malignes qu'ils rencontrent.

Si l'on parcourt les descriptions que l'on a faites des autres affections de l'homme dites charbonneuses, la confusion éclate encore manifestement. Ainsi l'affection correspondante au sang-de-rate qui serait causée, dans l'esprit des auteurs, par l'ingestion de chairs charbonneuses, est

______

(1) *Lyon médical*, janvier 1880.

appelée *fièvre charbonneuse*, si elle ne détermine que des troubles généraux des grandes fonctions, et charbon symptomatique si son évolution s'accompagne de l'apparition de tumeurs dans quelques points du corps. Et cette dernière dénomination est aussi accordée par quelques personnes au *charbon malin spontané* ou *anthrax malin*, maladie dont la nature est indéterminée. De plus, il est admis par un certain nombre d'auteurs que la véritable fièvre charbonneuse se distingue du charbon symptomatique par l'absence de tumeurs *critiques*, *secondaires*, profondes et étendues.

En résumé, les médecins se trouvent souvent, comme les vétérinaires, en présence d'affections qui possèdent des points communs, la soudaineté, la gravité, la tuméfaction, mais dont la nature est probablement différente.

Aucune expérience n'a été faite jusqu'à présent pour établir scientifiquement les différences qu'il y a lieu de supposer. Nous répétons ici qu'en fournissant la démonstration que le charbon symptomatique ou bactérien des ruminants diffère fondamentalement de la fièvre charbonneuse ou sang-de-rate, nous espérons provoquer des travaux qui éclaireront le dédale dans lequel se meut encore la médecine.

CHAPITRE II

DISTRIBUTION GÉOGRAPHIQUE. — FRÉQUENCE. — SYMPTOMES.
— TERMINAISONS DU CHARBON SYMPTOMATIQUE.

ARTICLE PREMIER

DISTRIBUTION GÉOGRAPHIQUE.

La confusion faite entre les affections charbonneuses jusque dans ces derniers temps et la diversité des noms qui leur furent assignés ne permettent pas encore de tracer la distribution géographique complète du charbon symptomatique. Pourtant, en collationnant les renseignements qui nous sont arrivés depuis le début de nos études, nous pouvons livrer au lecteur un essai qui lui donnera une idée des ravages causés par cette maladie dans un grand nombre de points du globe.

Elle sévit dans les deux mondes, sous tous les climats et à des altitudes variées, conditions qui, en montrant son universalité, font pressentir la résistance de son contagium aux causes de destruction.

Dans l'Amérique du Nord, on la désigne sous le nom de *Black-leg* (cuisse noire), appellation importée d'Angleterre et servant de temps immémorial dans ce dernier pays à la spécifier. M. Huidekoper, qui a bien voulu dépouiller pour nous quelques rapports du département de l'agriculture aux États-Unis, nous a appris que la Black-leg est loin d'y être rare, et plus récemment M. Liautard, de New-York, a confirmé et précisé ces renseignements. Des communications particulières et des renseignements émanant de propriétaires de bétail nous donnent la quasi-certitude qu'elle existe dans plusieurs estancias de l'Amérique centrale et M. Besnard, directeur de l'Institut agricole de Santiago (Chili), nous en a donné la confirmation pour l'Amérique du Sud.

Dans l'ancien continent, elle a été reconnue et fréquemment signalée en Asie, en Afrique et en Europe.

Quant à l'Asie, nous ne possédons de renseignements que pour les Indes anglaises, mais ils ne laissent aucun doute sur l'existence de la Black-leg dans les possessions britanniques.

En Afrique, le charbon symptomatique a été signalé au sud et au nord, c'est-à-dire dans les parties soumises à la domination européenne et où l'observation médicale commence à se faire correctement. Un rapport de M. Wiltshire, vétérinaire colonial, nous apprend qu'il ravage le bétail de l'Afrique australe et spécialement celui du pays de Natal (1).

Plusieurs vétérinaires algériens et notamment MM. Brémond, d'Oran, Claude, d'Alger, et Hügel, de Bône, nous ont dit sa fréquence dans toute l'étendue de nos possessions nord-africaines. Il décime le bétail des colons et des indigènes; ceux-ci le désignent sous l'appellation générale de *louba* (choléra) qui traduit la crainte qu'il leur inspire et les pertes qu'il leur fait éprouver. Dans plusieurs points de notre colonie et notamment aux environs de Bône, c'est la seule maladie charbonneuse existante.

(1) Wiltshire, *loco citato*, p. 794.

Le charbon emphysémateux sévit dans toute l'Europe, nous ne savons pas s'il y est plus fréquent que dans les autres parties du monde, mais on l'a mieux observé et il y est mieux connu.

On apprendra sans étonnement que les contrées à population bovine dense sont très ravagées, que c'est par excellence la maladie des pays d'agriculture pastorale et d'industrie laitière. Elle est pour eux un véritable fléau ; les documents statistiques qu'ils nous ont fournis, et que nous utiliserons plus loin, l'appel que leurs administrations et leurs sociétés nous ont fait et surtout la rapidité de la propagation de nos méthodes d'inoculations préventives en sont des preuves aussi péremptoires qu'irrécusables. On le verra mieux d'ailleurs dans un instant, quand nous traiterons de la fréquence de la maladie qui nous occupe.

Toute la partie montagneuse de l'Europe centrale, sillonnée par les ramifications des Alpes et du Jura, où les bestiaux passent la bonne saison sur les hauts pâturages, subit par son fait des pertes annuelles considérables. Nous citerons en première ligne la Suisse qui, dans quelques-uns de ses cantons, a perdu 25 p. 100 du jeune bétail dont on peuplait les alpages, par le *quartier*, l'*attaque* ou le *tourment* qui sont les noms sous lesquels on désigne la maladie dans le pays (1). Nous savons par les travaux de Feser et de Bollinger que le *Rauchbrand*, appellation du charbon symptomatique en langue allemande, ravage le gros bétail de la Franconie, de la Bavière et du grand-duché de Bade. Nous avons été informés qu'il en est de même dans le Tyrol, le Vorarlberg et la principauté de Lichtenstein, notamment en dépouillant les renseignements qui nous ont été envoyés par les Sociétés d'agriculture d'Inspruck et de Bregenz ainsi que par M. Sommer.

(1) Strebel, *Journal de médecine vétérinaire et de zootechnie*, 1882, p. 538.

Les autres pays de l'Europe ne sont point épargnés. L'Italie, surtout dans ses provinces de Vénétie, de Lombardie, de Toscane et des Romagnes, où on le désigne sous les noms d'*acétone* ou de *forbicione*, lui paye tribut, ainsi qu'en témoignent les comptes rendus de plusieurs vétérinaires, MM. Perroncito, Miglioranza, Gotti, Rivolta, etc.

M. R. Espejo nous l'a signalé en Espagne, en nous indiquant les provinces de Badajoz et de Cacerès comme particulièrement éprouvées.

Il existe en Belgique et M. Wehenkel, dans chacun de ses rapports annuels sur l'état sanitaire des animaux domestiques de ce pays, en relève d'assez nombreux cas, particulièrement dans le Hainaut, le Luxembourg, Namur, Liège, le Limbourg et la Flandre occidentale.

En Hollande, on le connaît sous les noms de *bilvuur*, *boutvuur*, *lendenvuur* et une note sur l'état sanitaire du bétail dans ce royaume pour 1881 nous apprend qu'il s'est montré dans les provinces de Frise, de Groningue et de Drenthe (1).

Enfin nous avons déjà dit le nom sous lequel il est désigné en Angleterre et nous savons par M. Fleming qu'il est quelques comtés, celui d'Essex en particulier, où il fait périr le jeune bétail.

En France, les observations que nous avons faites nous-mêmes dans des voyages nombreux, les communications que nous avons reçues et que nous recevons encore fréquemment de vétérinaires exerçant dans les régions les plus variées, nous ont convaincu qu'il est peu de maladies aussi communes que le charbon bactérien.

On nous permettra ici de ne point citer les noms de toutes les personnes qui nous ont fait part de leurs obser-

____

(1) *Jahresbericht*, 1882, rédigé par MM. Ellemberger et Schutz.

vations ni d'énumérer toutes les contrées où il a été observé, car il est bien peu de départements français qui échapperaient à une telle nomenclature. Nous ferons seulement remarquer qu'en France comme à l'étranger, ce sont les régions de hauts pâturages et d'industrie laitière qui sont les plus atteintes. Le pays de Gex et les départements franc-comtois viennent au premier rang, mais la région du plateau central est loin d'en être exempte. Nous nous sommes assurés par l'examen microscopique et par l'inoculation de tumeurs recueillies sur de jeunes animaux qui avaient succombé dans les pâturages de la chaîne des Puys d'Auvergne que, sous l'appellation de *mal de montagne*, on désigne souvent le charbon symptomatique et que c'est bien cette affection qui est visée par l'expression populaire de *chétivier*, employée dans le patois d'Auvergne. Une enquête faite sur le plateau du Mézenc nous a fait constater, non sans surprise, les pertes considérables qu'il cause sous le nom pittoresque de *ferimente*, dans cette région où l'élevage du bétail est la seule condition agricole possible. Les alpages du Dauphiné et les *montagnes* du Limousin y sont également sujets. Ses ravages ne sont pas moindres dans la région pyrénéenne, particulièrement dans le département des Basses-Pyrénées. On l'a signalé aussi en Corse.

Le bassin de nos fleuves et de nos rivières n'y échappe point. A l'est, les prairies de la Meuse et notamment celles de l'ancien Bassigny, au nord, les herbages de la Normandie et de la Picardie, au sud, les vallées de la Garonne et de ses affluents, au centre, les pays arrosés par la Seine et la Loire et par plusieurs de leurs affluents, tels que l'Allier, la Nièvre, le Cher, l'Yonne, lui payent tribut. En un mot, partout où la branche dominante de l'industrie agricole est l'élevage de l'espèce bovine ou son exploitation pour les produits de la laiterie, on trouve le charbon emphysémateux.

ARTICLE II

Il est très important d'être fixé sur la fréquence relative du sang-de-rate et du charbon symptomatique dans l'espèce bovine, afin de diriger convenablement les méthodes préventives que l'on peut opposer à ces deux affections. Aussi commencerons-nous par ce point. Puis, nous examinerons la fréquence du charbon symptomatique seulement, dans les conditions diverses d'âge, de sexe, de milieu où se trouvent les bovidés.

§ Ier

Fréquence relative du charbon symptomatique et du sang-de-rate sur le bœuf.

Il n'est pas très rare de voir le charbon symptomatique se montrer en même temps et dans les mêmes localités que la fièvre charbonneuse, ce qui a été l'un des motifs qui ont fait réunir autrefois les deux maladies sous le même titre générique et qui, lors de la publication de nos premiers travaux, ont fait hésiter quelques personnes à accepter la distinction que nous proposions.

Au début de nos études, il était difficile d'établir que le charbon symptomatique est beaucoup plus fréquent que le sang-de-rate sur les animaux de l'espèce bovine. L'un de nous avait observé que, dans le Bassigny, le charbon symptomatique causait les 9/10 des cas de mort par les affections dites charbonneuses. Mais il paraissait presque seul à avoir fait cette remarque, ce qui s'expliquait par la négligence que l'on avait toujours mise à distinguer deux maladies que l'on croyait identiques au fond.

Depuis que nous avons attiré l'attention sur la différence spécifique qui existe entre le charbon bactérien et la fièvre charbonneuse, un grand nombre de vétérinaires français ont constaté que les choses se passent dans les divers points de notre territoire comme dans le Bassigny. Néanmoins, dans la plupart des renseignements qui nous ont été transmis jusqu'à présent, nous n'avons pas trouvé les indications nécessaires à l'établissement d'une bonne statistique.

Une disposition particulière des règlements sanitaires du canton de Berne (Suisse) a permis à l'administration cantonale de connaître à peu près exactement tous les cas de charbon qui ont éclaté dans cette partie de la Suisse pendant le deuxième semestre de l'année 1882 et pendant l'année 1883. Parfaitement au courant des données scientifiques récentes, l'Administration avait demandé aux vétérinaires de séparer les cas de charbon symptomatique des cas de fièvre charbonneuse.

M. Hess, professeur à l'École vétérinaire de Berne, a centralisé tous les rapports dans un document fort intéressant demandé par la direction de l'intérieur du canton (1).

C'est la première statistique importante qui ait été dressée avec la distinction sur laquelle nous attirons l'attention. Nous allons l'utiliser.

Du 1ᵉʳ juillet au 31 décembre 1882, on a relevé 286 cas de charbon sur les animaux de l'espèce bovine du canton de Berne. Ils se répartissaient de la manière suivante :

Charbon symptomatique......   271 cas.
Sang-de-rate................   15 —

Total....   286 cas de mort.

(1) E. Hess, *Berich uber die entschädigten Rausch und Milz brandfälle in Kanton Bern Während den Zeitraume vom 1 Juli 1882 bis 31 Dezember 1883.*

C'est-à-dire que le sang-de-rate n'a fourni que le vingtième des cas de mort causés par les affections charbonneuses.

Du 1ᵉʳ janvier au 31 décembre 1883, on a signalé 721 cas mortels se distribuant ainsi :

Charbon symptomatique............	642 cas.
Sang-de-rate.....................	79 —
Total.....	721 cas.

Ce qui fait, pour une période de dix-huit mois :

Charbon symptomatique...........	913 cas.
Sang-de-rate....................	94 —
Sur un total de........	1 007 cas.

C'est-à-dire que le sang-de-rate a été au charbon symptomatique dans le rapport approximatif de 1 : 10.

Le canton de Berne ayant organisé une caisse pour indemniser les propriétaires des pertes qu'ils éprouvaient par les maladies contagieuses, il en est résulté que la caisse a payé environ 60,000 francs pour les ravages causés par le charbon symptomatique et 6,000 francs seulement pour ceux du sang-de-rate.

Ces chiffres sont bien faits pour achever d'ouvrir les yeux aux personnes qui n'attachent pas à la différenciation des deux maladies toute l'importance qu'elle mérite.

Celle-ci ressortira peut-être encore plus manifestement de l'examen du tableau où M. Hess compare la mortalité causée par ces deux maladies proportionnellement à la population bovine des districts du canton de Berne. La proportion des décès par le charbon emphysémateux a varié, en 1883, de 0,09 à 22,85 pour 100, suivant les districts, alors que celle des cas de mort causés par le sang-de-rate n'a jamais dépassé 6,48 pour 100.

Certains districts sont surtout particulièrement éprouvés par le charbon emphysémateux, tels sont celui de Frutigen qui figure sur la liste avec 144 cas pour une population de 6,503 têtes de bétail au-dessus de six mois, celui de Nieder-Simenthal avec 110 cas pour une population de 5,966, celui d'Obersimenthal avec 85 cas pour une population de 6,019 têtes.

Le charbon emphysémateux ou symptomatique, on peut le dire sans hésitation, est surtout le charbon de l'espèce bovine.

§ II

Fréquence du charbon symptomatique aux divers âges, chez les animaux de l'espèce bovine.

Les praticiens de tous les pays savent depuis longtemps que la maladie sévit particulièrement sur les bovidés âgés de six mois à quatre ans.

D'après les rapports des vétérinaires bernois, M. Hess a pu dresser sur cette question des tableaux très démonstratifs dont nous donnons un résumé ci-dessous.

Sur 989 cas, on en a observé :

374 sur des animaux âgés de 6 à 1 an.
439 — — — de 1 à 2 ans.
83 — — — de 2 à 3 ans.
65 — — — de 3 à 4 ans.
10 — — — de 4 à 5 ans.
18 — — — de 5 à 6 ans.
———
989

Ce tableau démontre que le nombre des cas de mort par le charbon symptomatique augmente jusqu'à l'âge de deux ans ; à partir de cette époque de la vie, la décroissance est rapide et telle que beaucoup de propriétaires estiment que les animaux de trois à quatre ans sont hors d'affaire. Il est juste de dire que cette idée serait erronée si elle était prise dans un sens absolu.

On peut faire observer avec raison que ces chiffres n'ont pas une signification exacte, si l'on ne tient pas compte du nombre des animaux à ces divers âges. M. Hess s'est préoccupé de cette objection, et il a montré que ces chiffres parlent encore plus éloquemment si on les met en face du nombre des animaux correspondants.

Ainsi 36,000 sujets âgés de six mois à un an ont fourni plus de 350 victimes ; 13,000 sujets âgés de un à trois ans ont fourni plus de 500 victimes ; tandis que 135,000 sujets âgés de trois à six ans n'ont fourni que 120 victimes.

La mortalité est donc, entre un et trois ans, quatre fois plus grande qu'entre six mois et un an et quarante fois plus grande qu'entre trois et six ans.

M. Hess a exclu de ses listes les veaux de moins de six mois. La maladie est effectivement très rare sur ces jeunes animaux. Plusieurs vétérinaires ont cru qu'on ne la voyait jamais à cette période de la vie. Nous savons nous-mêmes qu'il est assez difficile de communiquer expérimentalement une affection mortelle au veau de lait. Pourtant, plusieurs confrères parmi lesquels nous citerons M. Degoix, d'Avallon, M. Champrenault, de Vitteaux, et M. Isepponi, de Coire (Suisse), nous ont assuré que le charbon symptomatique le mieux caractérisé se développe quelquefois sur les jeunes veaux. Seulement il est digne de remarque que les sujets sur lesquels on a observé ces rares exemples étaient soumis simultanément au régime lacté et au régime végétal. Peut-être est-ce à ce régime mixte qu'il faudrait attribuer, sur ces sujets, l'apparition de ce triste privilège.

§ III

Fréquence du charbon symptomatique selon la saison.

Le charbon symptomatique fait des victimes à tous les moments de l'année. Cependant on admet, en France et dans l'Italie septentrionale, que la maladie exerce surtout ses ravages par bouffées, au printemps et à l'automne, c'est-à-dire lorsque les animaux quittent l'étable pour vivre au

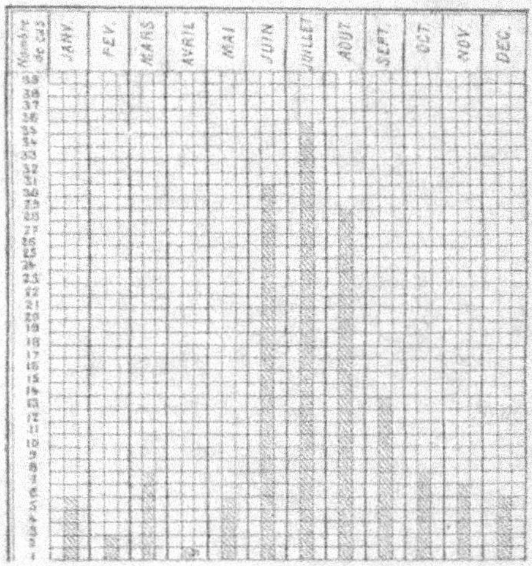

Fig. 1. — Tableau de la mortalité dans le district de Frutigen pendant l'année 1883.

pâturage et lorsqu'ils abandonnent le pâturage pour vivre à l'étable.

Dans le canton de Berne, où la question a été étudiée avec soin, on a constaté que la fréquence croît presque régulièrement de mai en août pour décroître de la même manière d'août à novembre et qu'elle est à peu près stationnaire de novembre à mai. Sur les graphiques de M. Hess

que nous reproduisons, nous ne voyons qu'un seul fasti-
gium qui se présente en août pendant l'année 1883.

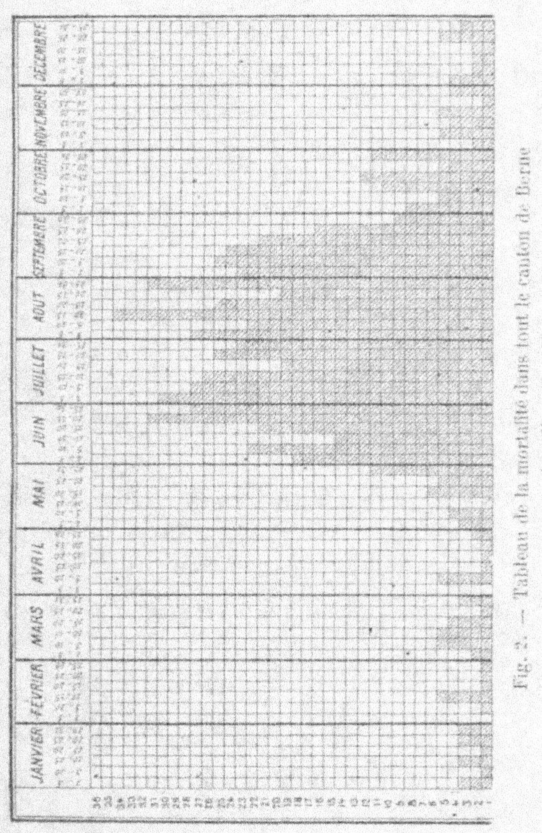

Fig. 2. — Tableau de la mortalité dans tout le canton de Berne pendant l'année 1883.

Voici, du reste, le nombre des cas observés dans chacun
des mois de l'année 1883.

Janvier............	14 décès.	Juillet............	158 décès.
Février............	9 »	Août............	162 »
Mars............	20 »	Septembre........	125 »
Avril............	10 »	Octobre..........	59 »
Mai............	30 »	Novembre........	20 »
Juin............	140 »	Décembre........	20 »

Nous présentons un premier tableau graphique représentant, d'après M. Hess, la mortalité dans la commune de Frutigen, suivant la saison. Chaque mois est divisé en périodes de dix jours. On voit que des cas de charbon se sont présentés dans tous les mois de l'année, mais il est curieux de constater la hauteur à laquelle parviennent les colonnes dans les mois de juin, juillet et août.

Le second tableau représente la mortalité pendant l'année 1883 dans tout le canton de Berne. Chaque mois est divisé en périodes de cinq jours.

Cependant, en 1884, le maximum de la mortalité s'est présenté au mois de juillet, comme on le voit sur le tableau n° 3.

Il est inutile de traduire ces tableaux. Le lecteur saisira immédiatement l'enseignement qui en découle.

La chaleur semble être ici la cause de l'explosion du charbon symptomatique. Elle n'est probablement pas unique. Il ne faut pas oublier que l'estivation est rigoureuse dans toute la Suisse et particulièrement dans le canton de Berne, c'est-à-dire que pendant les mois d'été les animaux de l'espèce bovine ne mettent les pieds à l'étable que pour la traite. Cette opération terminée, leur vie se passe sur le pâturage. Il est rare que nous ayons, en France, un régime absolument comparable à celui de la Suisse.

Y a-t-il lieu de modifier nos idées sur ce point ?

La différence d'altitude entre les alpages suisses et les plaines du Bassigny et de la Lombardie entraîne-t-elle des différences suffisantes dans la distribution du calorique et de la lumière pour déterminer la dissemblance notée? Une observation plus attentive et faite simultanément dans plusieurs points différents de la France démontrerait-elle que la maladie se comporte dans notre pays comme en Suisse ?

Dans tous les cas, l'intérêt qui s'attache à l'étiologie du
charbon symptomatique mérite que l'on démêle dans tous

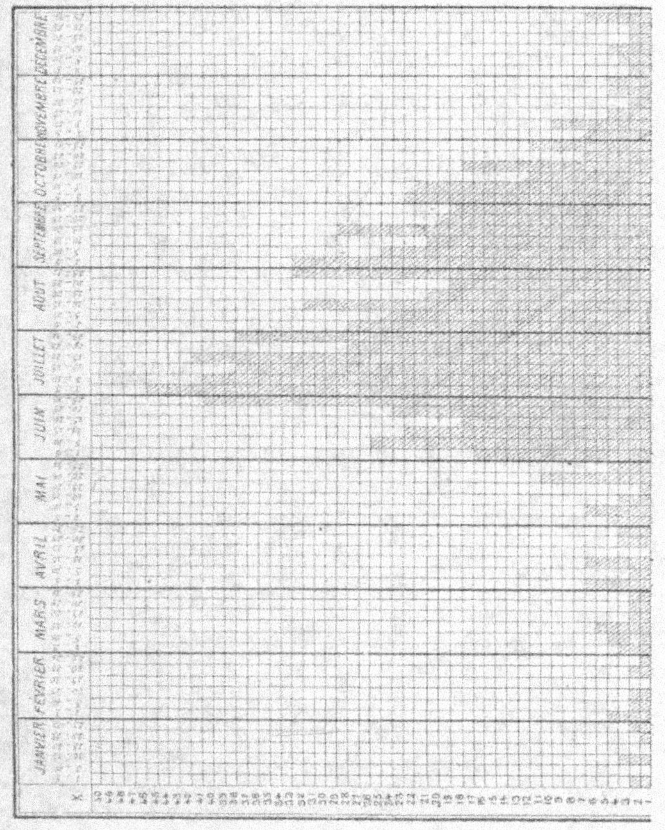

Fig. 3. — Tableau graphique de la mortalité dans le canton de Berne en 1881, d'après M. Hess.

les pays, aussi bien qu'on l'a fait en Suisse, les conditions
climatériques et les conditions hygiéniques qui favorisent
ou restreignent la propagation de cette maladie.

§ IV

Fréquence du charbon symptomatique d'après le sexe.

Les statistiques du canton de Berne paraissent démontrer que les cas sont plus fréquents sur les mâles que sur les femelles.

Sur un tableau dressé par M. Hess, on peut lire les cas de charbon qui ont frappé les taureaux, les bœufs et les vaches âgés de plus de trois ans, pendant le 2ᵉ semestre de l'année 1882 et dans le courant de l'année 1883. Il résulte de cette lecture que la mortalité a été de 5,83 p. 100 en 1882 et 10,10 p. 100 en 1883 parmi les taureaux ; de 3,05 p. 100 et 5,21 p. 100 parmi les bœufs et seulement de 0,21 et 0,72 p. 100 parmi les vaches.

La séparation des cas suivant les sexes n'a pas été faite pour les animaux compris entre six mois et trois ans. Il est vrai que chez les jeunes, les différences sexuelles sont moins prononcées que plus tard et, partant, peuvent avoir moins d'influence comme causes occasionnelles de la maladie.

§ V

Fréquence du charbon symptomatique d'après les conditions météorologiques.

M. Hess s'est préoccupé des rapports qui pourraient exister entre la fréquence du charbon symptomatique et les conditions météorologiques, surtout la pression barométrique et la température.

Pendant les mois dangereux, la pression barométrique est généralement basse. Ainsi, à Berne, la pression moyenne de l'année étant de 712ᵐᵐ,77 ; celle des mois de juin, juillet, août, septembre a été de 710,32, 710,82, 713,05, 711,49.

Seulement, aux pressions basses correspondent habituellement des pluies plus ou moins abondantes, de sorte que

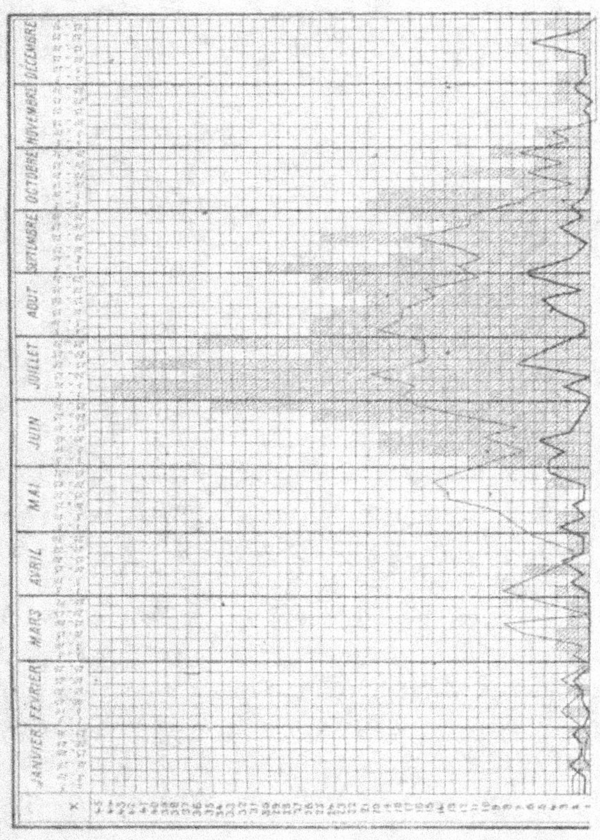

Fig. 4. — Tableau de la mortalité dans le canton de Berne pendant l'année 1884, montrant les relations qui peuvent exister entre elle et les variations de pression et de température. La ligne épaisse représente la courbe de pression barométrique ; la ligne mince, la courbe de température atmosphérique.

l'on est fondé à dire que les basses pressions barométriques, l'humidité et une température élevée coïncident avec une évolution plus rapide et plus abondante des microorganismes du charbon symptomatique; mais quant à préciser le rôle

exact de ces états météorologiques, M. Hess pense que ce
n'est pas possible actuellement.

Les variations de la température, qui sont très brusques
et très considérables dans les alpages de la Suisse, n'exercent
pas d'influence nette sur la fréquence du charbon symptomatique, comme on peut le voir sur le tableau ci-joint dressé
par M. Hess.

§ VI.

*Fréquence du charbon symptomatique d'après la constitution
géologique.*

Pour le charbon emphysémateux comme pour toute autre
maladie infectieuse, on a été tenté de chercher une relation
entre son développement, sa fréquence et la constitution
géologique du sol.

Étant donné le germe producteur de cette affection, sa
résistance considérable aux causes de destruction, nous
sommes disposés à croire que cette question a perdu une
grande partie de son intérêt.

D'ailleurs, si nous dépouillons les renseignements qui
nous viennent des différentes parties de la France, de l'Algérie, de l'Italie, de l'Autriche, de l'Angleterre, de l'Amérique, nous voyons que le charbon symptomatique se montre
sur toutes sortes de terrains : granitiques, volcaniques, cal-
caires plus ou moins anciens, alluvions tertiaires et qua-
ternaires, etc.

Au surplus, l'étude poursuivie par M. Hess sur le canton
de Berne confirme le résultat de ces observations générales.
En examinant, sur la carte géologique de la Suisse, la position des districts les plus éprouvés, on s'aperçoit que ces
districts reposent sur des sols et des sous-sols variés. Aussi

M. Hess conclut-il à l'impossibilité d'établir une relation entre la fréquence du charbon symptomatique et la nature de la roche sous-jacente.

ARTICLE III

SYMPTOMATOLOGIE.

Il vient d'être dit que le charbon symptomatique frappe d'une façon toute spéciale, mais non absolument exclusive, les jeunes bovidés de six mois à quatre ans. Nous ajouterons qu'indépendamment des autres conditions précédemment indiquées, un embonpoint rapidement acquis semble une prédisposition à le contracter.

La maladie débute toujours soudainement, mais de deux manières différentes : tantôt son existence se révèle brusquement par l'apparition d'une tumeur (*charbon essentiel* de Chabert), tantôt celle-ci est précédée de symptômes généraux plus ou moins graves (*charbon symptomatique* du même) : fièvre, raideur générale, arrêt de la digestion et de la rumination, tremblements partiels aux fesses et aux épaules, frissons, sécheresse du mufle, tristesse, inappétence, refroidissement des extrémités, accompagnés d'une boiterie dont la cause échappe tout d'abord, mais que l'on ne tarde pas à pouvoir attribuer au développement d'une tumeur sur l'un ou l'autre membre. Il y a souvent une détente après son apparition, les animaux cherchent à manger et même ruminent un peu, mais c'est un symptôme fallacieux qui a fréquemment égaré les jeunes praticiens et les propriétaires en les portant les uns et les autres à croire à une guérison qui ne se produit pas.

La tumeur peut siéger sur les parties les plus diverses du corps, être très apparente ou cachée et impossible à découvrir du vivant du malade. Habituellement elle se développe dans les parties les plus riches en masses musculaires.

Le plus souvent elle apparaît sur les rayons supérieurs des membres et dans les muscles avoisinants, autour de l'épaule ou du bras (*mal d'épaule, avant-cœur, anticœur*), de la croupe, de la cuisse (*mal de cuisse*), de la jambe (*mal de jambe*), des parties génitales (*trousse-galant*). Dans quelques cas, c'est sur la tête, l'encolure et le tronc qu'on la constate, par exemple, sur les masséters, dans l'auge (*estranguillon*), à la gorge (*esquinancie gangréneuse*), le long de la gouttière de la jugulaire, aux pectoraux, sur les côtés de la poitrine, à la région lombaire ou enfin à la mamelle.

En procédant avec soin au dénombrement des tumeurs, on a cherché à établir la fréquence proportionnelle de celles-ci, d'après leur siège. Le tableau suivant, emprunté à Hess (1) et portant sur plus de quinze cents cas, est fort instructif.

Constatons d'abord que les tumeurs n'apparaissent point dans les parties où le tissu conjonctif est très dense et les muscles fort rares et représentés en partie par des terminaisons tendineuses, telles que la partie libre de la queue et l'extrémité inférieure des membres.

Il est bon de noter aussi, sans qu'on puisse actuellement en trouver une explication satisfaisante, que les tumeurs se montrent plus fréquemment sur la moitié droite du corps que sur la gauche. Le tableau de M. Hess, par exemple, nous apprend que la tumeur a apparu 209 fois sur le membre postérieur droit pour 143 seulement sur le gauche et 168 fois sur le membre antérieur droit pour 98 sur le gauche, 59 fois sur le côté droit de l'encolure et 4 fois seulement sur le côté gauche.

Quel que soit son siège, cette tumeur est irrégulière, mal

(1) Hess, *loco citato*, année 1886.

NOMS DES RÉGIONS où siégeaient les tumeurs.	NOMBRE de tumeurs constatées en 1882, 1883 et 1884.	QUANTUM pour 100.
Tête.	12	0.77
Sous-maxillaire.	3	0.19
Gosier.	19	1.22
Tête et encolure.	78	5.04
Cou des deux côtés.	36	2.32
Cou à droite.	59	3.81
Cou à gauche.	4	0.25
Cou et poitrine.	17	1.09
Poitrine.	95	6.14
Fanon.	48	3.10
Partie inférieure de l'encolure.	9	0.58
Épaule des deux côtés.	25	1.61
Épaule droite.	111	7.18
Épaule gauche.	92	5.94
Les deux membres antérieurs.	52	3.36
Membre antérieur droit.	168	10.86
Membre antérieur gauche.	98	6.33
Côtes, à droite et à gauche.	5	0.32
Côtes droites.	12	0.77
Côtes gauches.	5	0.32
Dos.	28	1.81
Rein.	70	4.52
Ventre.	12	0.77
Mamelle.	40	2.58
Hanche droite.	2	0.13
Hanche gauche.	1	0.06
Les deux membres postérieurs.	68	4.39
Membre postérieur droit.	200	13.51
Membre postérieur gauche.	143	9.24
Plusieurs parties du corps.	26	1.68
Total.	1.547	

circonscrite et progresse dans tous les sens avec une rapidité
étonnante; en huit ou dix heures, elle a acquis un énorme
développement. D'abord homogène et extrêmement douloureuse dans tous les points, elle devient peu à peu insensible

dans le centre, crépitante et sonore comme une vessie remplie d'air. Tous les tissus qui la forment sont noirs, friables, faciles à écraser. Incisés, ils laissent écouler, au début
de la maladie, du sang rutilant, puis plus tard un liquide
semblable au sang veineux et, dans les derniers moments,
une sérosité spumeuse. Cependant, lorsqu'elle intéresse une
région très riche en tissu conjonctif, elle se traduit par un
œdème volumineux dont le liquide est citrin ou peu coloré
en rouge dans les points éloignés du tissu musculaire.

Si, dans la grande majorité des cas, les symptômes se
déroulent dans l'ordre qui vient d'être indiqué, il n'en est
pourtant pas toujours ainsi. Il est des circonstances où la
tristesse, la sécheresse du mufle, l'inappétence, quelques
frissons, de légères coliques et un peu de météorisation sont
les seuls signes objectifs ; le diagnostic est difficile dans ces
circonstances et une confusion avec une simple affection de
l'appareil digestif est possible. La tumeur peu développée
et qui peut facilement échapper, même à l'autopsie, parcourt
ses phases dans la profondeur des masses musculaires sans
atteindre les couches superficielles. Nous l'avons trouvée
quelquefois sur des parties où d'habitude on ne s'attend pas
à la rencontrer, telles que le diaphragme et les cornets
ethmoïdaux. Dans les cas où rien ne décelait une tumeur à
l'extérieur, on devra toujours à l'autopsie chercher avec le
plus grand soin dans la profondeur des muscles thoraciques
et pelviens, soulever l'épaule et examiner attentivement
les muscles qu'elle cache, particulièrement l'extrémité du
grand dentelé. On est à peu près sûr d'y trouver quelques
infarctus, une coloration lie-de-vin ou noire d'un ou de plusieurs faisceaux de fibres musculaires, en un mot quelques
lésions qui eussent pu passer facilement inaperçues si l'on
n'eût pas été averti à l'avance de diriger ses investigations
de ce côté.

Pendant que la tumeur poursuit son évolution, les symptômes généraux s'aggravent, la fièvre s'allume, l'artère, dure, bat 90, 100 à 110 fois par minute ; la respiration est plaintive, accélérée ; la température de la peau est très élevée, le malade devient faible, indifférent à tout ce qui l'entoure ; sa démarche est pénible, incertaine ; l'état adynamique se prononce de plus en plus, l'animal se couche et demeure étendu sur le sol ; la peau se refroidit et la mort arrive généralement de la trente-sixième à la cinquante-cinquième heure après l'apparition des premiers symptômes.

Les oscillations de la température sous l'influence de cette maladie sont très remarquables. A titre d'exemple, nous allons donner la notation de la température d'un mouton emporté en soixante-quinze heures à la suite d'une inoculation expérimentale :

Mercredi soir........	40°7	Temp. rectale (trois h. après l'inoculation).		
Jeudi matin.........	40°4	—	—	—
Vendredi matin.. ...	41°9	—		—
Samedi matin......	41°3	—	—	—
— à 2 h. soir..	40°6	—		—
— 6 h. soir....	38°6	—	(une heure av. la mort).	

Il nous est arrivé de constater des températures maxima de 42°,5 et même 42°,8 qui se maintenaient pendant quinze à vingt heures, puis le thermomètre baissait rapidement pour tomber vers 37° au moment de l'agonie.

Il a été dit tout à l'heure qu'il y avait parfois comme une détente après l'apparition de la tumeur, un temps de répit pendant lequel le malade cherche à manger et même à ruminer. Le tracé ci-joint, emprunté à M. Gotti, met le fait en évidence d'une manière très nette. La température du bouvillon qui a fourni ce graphique était de 38°,2 au moment de l'inoculation, le lendemain elle monta à 39°,7 pour retomber à 39°,4 et y rester jusqu'au surlendemain matin.

elle s'éleva alors à 40°,5 pour retomber à 38°,8 au moment
de la mort.

Si l'on ouvre la jugulaire dans le cours de la maladie, on
constate que la saignée n'est point baveuse ; le sang qui s'en
écoule forme une belle veine fluide, se coagule rapidement
et n'abandonne pas plus tôt son sérum que le sang qui pro-
viendrait d'un animal sain.

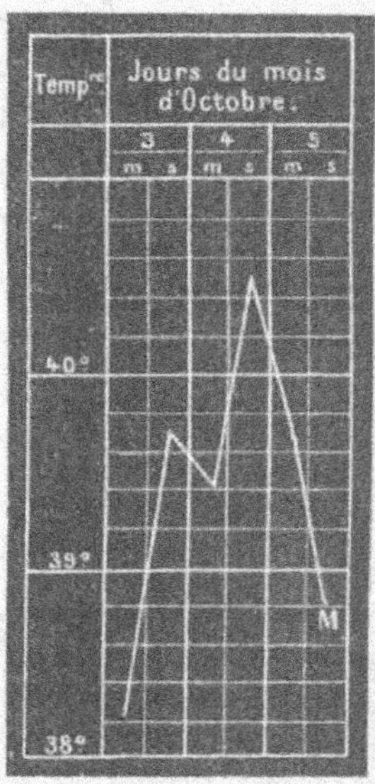

Fig. 5. — Modification de la température pendant l'évolution du charbon
symptomatique.

Avant de clore ce qui a trait à la symptomatologie, il est
utile de consigner ici qu'à côté de la maladie grave dont
nous venons de tracer l'esquisse, se présente une forme
larvée et comme ébauchée. Elle ne se traduit que par des
frissons, un peu de fièvre et d'inappétence et sa nature est
méconnue par le clinicien et le propriétaire. Cette forme
guérit spontanément et l'on verra plus loin quel bénéfice les
malades en retirent.

ARTICLE IV

TERMINAISONS.

Le plus souvent la terminaison du charbon symptomatique est fatale, en France tout au moins, car beaucoup de vétérinaires n'ont jamais vu un seul cas de guérison. Quelques confrères disent cependant en avoir observé. Nous sommes d'autant mieux disposés à les croire que nous avons vu la maladie expérimentale s'amender quelquefois, au bout de trois ou quatre jours et se terminer heureusement. Mais la guérison est précédée d'œdème très persistant autour du siège de la tumeur. Parfois, au bout d'un mois ou deux, les sujets succombent à une pleurésie métastatique.

D'après ce qui nous a été dit en Algérie, les guérisons ne seraient pas très rares dans notre colonie.

La thérapeutique nous offre peu de ressources, et dans les essais faits à l'aide de substances indiquées pour combattre les microphytes, nous avons toujours échoué. Les injections intraveineuses d'iode nous avaient fait concevoir des espérances qui ne se sont pas réalisées. Nous avons épuisé sans succès toute la série des médicaments rangés dans la classe des inflammatoires généraux, des antiseptiques, des toniques, etc. Le cautère actuel chauffé à blanc, les caustiques les plus énergiques, les toniques les plus prônés sont demeurés à peu près constamment impuissants. La destruction des tumeurs et l'enlèvement d'énormes masses charnues, opérations irrationnelles à tous les points de vue, n'ont eu d'autres résultats que d'ajouter aux souffrances du patient. Puisqu'il faut l'avouer, nous dirons que jusqu'ici, et sans engager l'avenir, la thérapeutique nous semble encore désarmée contre le charbon bactérien et que lorsqu'il y a eu guérison, elle s'est effectuée spontanément, soit que la maladie fût bénigne, soit que le terrain sur lequel elle devait évoluer fût peu favorable à son développement.

Quelques personnes prétendent que si la tumeur charbonneuse est attaquée promptement par la cautérisation, et si en même temps les antiseptiques à haute dose sont administrés à l'intérieur, on parvient quelquefois à triompher du mal. Malgré les essais malheureux dont nous avons été constamment les témoins, nous ne doutons pas que le charbon bactérien soit curable, surtout quand la tumeur est essentielle et qu'elle a précédé les symptômes généraux graves ; mais, comme nous venons de le dire, le plus souvent la guérison s'opère spontanément.

En effet, dans une expérience publique faite à Chaumont le 26 septembre 1881 et dont nous parlerons plus loin, sur douze animaux témoins, trois survécurent à l'inoculation du charbon symptomatique dans le tissu conjonctif de la cuisse. Un de ces survivants se montra absolument réfractaire ; les deux autres présentèrent d'emblée une boiterie assez intense, un gonflement œdémateux qui s'étendit jusqu'à l'extrémité inférieure du membre ; l'un d'eux inspira des craintes sérieuses. Mais, quatre jours après l'inoculation, les symptômes s'amendèrent ; huit jours plus tard, ils avaient entièrement disparu. Depuis, nous avons vu plusieurs fois le même fait se reproduire sur nos sujets d'expérience et particulièrement sur des chèvres.

Il prouve que, dans certaines conditions, des animaux peuvent guérir spontanément d'une tumeur charbonneuse ; à plus forte raison peuvent-ils guérir si on leur applique un traitement approprié. Il démontre, en outre, qu'il existe quelques sujets réfractaires aux effets de l'agent virulent du charbon emphysémateux. Après la guérison, les animaux reçoivent l'immunité en partage.

Il est important d'avertir le lecteur que les propriétaires

se sont parfois illusionnés sur la nature de certains cas de
prétendu charbon symptomatique. Nous en citerons un
exemple. En avril 1881, nous nous sommes trouvés en présence de deux grands propriétaires de l'Algérie visités
annuellement par le charbon bactérien qui, tous les deux,
étaient fermement convaincus d'avoir guéri quelques malades.

A Misserghin, près d'Oran, dans la ferme de M. Duveyrier,
on nous a montré un bouvillon que l'on disait guéri du charbon symptomatique. Cet animal portait encore les traces
d'une profonde cautérisation. Notre confrère M. Brémond,
vétérinaire à Oran, n'avait jamais réussi dans les traite-
ments qu'il avait institués personnellement, néanmoins il
n'osait pas absolument douter des assertions de ses clients.
Nous savions d'ailleurs que d'autres maladies contagieuses,
incurables en France, passent pour moins rebelles dans nos
possessions africaines. Il n'y avait qu'un moyen de couper
court à nos hésitations et à celles de M. Brémont : inoculer
ce bouvillon dans le tissu conjonctif. Si l'animal a été réellement guéri du charbon symptomatique, il sera réfractaire
à l'inoculation, s'il meurt, c'est qu'il a été guéri d'une maladie pseudo-charbonneuse.

Or, l'injection d'une dose assez faible de virus charbonneux dans les muscles cruraux a emporté le bouvillon en
trente heures.

La maladie à tumeur œdémateuse, que l'on arrête quelquefois en Algérie par un traitement *ad hoc*, n'est donc pas
toujours le vrai charbon symptomatique. Dans ce cas, sa
nature est encore à déterminer.

Il faut en dire autant de plusieurs affections qui, en
France, apparaissent brusquement sur les bêtes à cornes,
notamment sur celles qui passent la belle saison sur les
hauts pâturages. Ces maladies ou plutôt ces accidents,
caractérisés par de la tuméfaction, dont le siège habituel est

à la tête ou aux organes génitaux, avec éruption vésiculeuse sous la langue, connus sous les noms vulgaires de *loubade* (en Auvergne), d'*araignée*, d'*érysipèle charbonneux*, de *rafle*, de *feu d'herbes*, de *charbon blanc*, etc., ne doivent point être confondus avec le charbon symptomatique.

Il n'en est pas moins vrai que les bêtes bovines algériennes opposent une résistance plus grande que les bêtes européennes aux atteintes du charbon bactérien, et probablement à d'autres maladies contagieuses et que la curabilité du charbon symptomatique en Algérie n'est point un fait exceptionnel. M. Brémond l'a démontré expérimentalement à deux reprises ; voici l'une de ses intéressantes expériences (1) :

Le 7 juillet 1881, le charbon symptomatique sévissait à Aïn-Beïda, chez M. Durand. Parmi les sujets atteints qu'il me fut donné d'observer, je choisis un bœuf de quatre ans, malade depuis la veille, qui présentait en avant de l'épaule droite une tumeur crépitante énorme. Je pratiquai une incision au centre de cette tumeur, et, à l'aide d'une érigne, j'attirai au dehors un fragment musculaire qui me servit à inoculer sur place, d'après le procédé déjà indiqué, deux cobayes adultes. Ces deux sujets moururent le 9 juillet, l'un à six heures du matin, l'autre à onze heures. A l'autopsie je constatai toutes les lésions du charbon bactérien. Un veau de cinq mois, inoculé avec de la pulpe ganglionnaire du cobaye mort le premier, succombait au bout de quarante-neuf heures, et un agneau de six semaines, inoculé de la même façon, avec le cobaye mort le dernier, mourut en trente heures. A l'autopsie, ces deux animaux présentaient toutes les lésions du charbon symptomatique. Or, le bœuf qui m'avait fourni la matière virulente, après avoir été très malade du 7 au 11 juillet, revenait progressivement à la santé et était complètement remis le 14. Il a été vendu sur le marché d'Oran, quatre mois après, par M. Durand.

La curabilité du charbon en Algérie, au surplus, ne doit probablement point être attribuée exclusivement à la résis-

(1) *Rapport au Conseil général d'Oran sur le charbon symptomatique*, par M. Brémond, 1883.

tance des animaux atteints, elle tient vraisemblablement aussi, pour une part, à l'atténuation qu'a subie le virus par l'influence du climat. N'est-il pas permis de faire un rapprochement intéressant entre l'atténuation que nous faisons subir au virus dans nos étuves par l'action de la chaleur et l'amoindrissement possible du virus naturel sous l'influence du soleil et de la lumière d'Afrique ?

CHAPITRE III

Nous exposerons successivement l'état de nos connaissances sur les lésions du charbon symptomatique et sur la morphologie du microbe spécifique.

ARTICLE PREMIER

LÉSIONS.

L'étude des lésions a été faite principalement sur le bœuf; cependant, pour l'examen de certaines questions, nous avons recouru au cobaye.

Dans la description que nous allons présenter au lecteur, nous passerons en revue les grands appareils de l'organisme.

A. *État général du cadavre.* — Après la mort, le cadavre se ballonne rapidement. Outre les gaz qui se développent dans les viscères abdominaux, d'autres, sur la nature desquels nous reviendrons plus loin, s'accumulent dans le tissu conjonctif sous-cutané et intra-musculaire de la région envahie par une tumeur. Parfois, ils s'étendent à une grande distance de la lésion locale; ils peuvent même se montrer dans les vaisseaux sanguins et le cœur.

Les régions infiltrées par ces gaz sont distendues et sonores comme un tambour.

Les infiltrations gazeuses se développent le plus communément à la face externe et à la face interne de l'épaule, sous la peau du dos, des fesses et sous les aponévroses de la face interne de la cuisse. Aussi trouve-t-on souvent sur le cadavre l'un ou l'autre membre étendu et écarté plus ou moins du tronc.

La tympanite détermine l'expulsion d'un liquide sanguinolent et spumeux par les naseaux et par l'anus.

B. *Appareil locomoteur*. — Les masses musculaires présentent une ou plusieurs *tumeurs* caractéristiques.

Les muscles qui constituent le centre de ces tumeurs ont une teinte noire très foncée, caractère justificatif du nom de *charbon*, donné par nos devanciers à la maladie que nous décrivons.

Si l'on incise une tumeur, on s'assure que la coloration noire s'atténue au fur et à mesure que l'on se porte du centre à la périphérie. Elle passe successivement de la couleur lie de vin foncé au rouge, au rose, au jaunâtre. Des stries noirâtres parcourent les portions les moins foncées.

Il faut ajouter que la coloration des parties centrales se modifie au contact de l'air ; tel muscle ou tel groupe musculaire qui offre la coloration noire sur la tranche au moment où l'on vient de le diviser prend une teinte rutilante au bout de quelques instants. Cette modification est analogue au changement que subit la couleur du sang veineux en présence de l'atmosphère.

Autour de la tumeur, surtout si elle siège dans une région riche en tissu conjonctif lâche, existe un *œdème* considérable. Près des muscles malades, cet épanchement a les caractères de l'œdème inflammatoire ; il est rouge et parsemé de grains ou de filaments jaunâtres incontestablement fibrineux. Plus loin, il offre les caractères de l'œdème passif ; il est incolore ou légèrement citrin et d'une grande mobilité.

Lorsque l'œdème est abondant, l'infiltration gazeuse est

modérée et inversement. Si la mort est survenue rapidement, comme on l'observe sur le cobaye après l'inoculation, les gaz peuvent faire défaut. Dans tous les cas, pour peu que l'infiltration gazeuse soit notable, on trouve les gaz dans tous les points de la tumeur ; au sein du tissu conjonctif inter-musculaire où il forme quelquefois des poches assez vastes autour des gros vaisseaux ou des troncs nerveux qui traversent la région, dans le tissu conjonctif inter-fasciculaire et jusqu'autour des faisceaux primitifs contractiles.

La diffusion *des gaz* dans les muscles rend les organes crépitants, élastiques et leur communique souvent une densité inférieure à celle de l'eau. De plus, elle dissocie leurs parties élémentaires, au point d'en rendre ultérieurement la séparation très facile lorsque l'anatomiste veut étudier les lésions des fibres musculaires au microscope.

Nous pûmes recueillir ces gaz sur un jeune taurillon qui présentait, à la suite d'une inoculation dans les muscles de la cuisse, une insufflation considérable du tissu conjonctif sous-cutané de la fesse et du flanc. Le cadavre étant couché sur le côté opposé à la lésion, nous construisîmes sur le flanc et la cuisse une petite cuvette avec de la paraffine fondue, que nous remplîmes d'huile. Nous pratiquâmes çà et là quelques ponctions à la peau d'où les gaz s'échappaient, grâce à des pressions méthodiques exercées au voisinage. Nous opérâmes dans cette cuvette comme on opère dans une cuve à eau, au-dessus du tube abducteur d'un appareil à dégagement gazeux ; nous remplîmes plusieurs éprouvettes de gaz.

L'analyse nous a démontré que ces *gaz*, dont l'odeur, peu de temps après la mort, n'a rien de désagréable, ne renferment ni oxygène ni oxyde de carbone. En effet, le pyrogallate de potasse et le chlorure cuivreux ammoniacal n'absorbaient rien ou à peu près rien dans nos tubes à analyse.

Au contraire, la potasse déterminait une absorption considérable, preuve que l'acide carbonique forme presque la totalité de ces gaz. Toutefois, la potasse laissait toujours subsister un faible résidu que nous n'avons pu déterminer qualitativement, mais que, en raison de sa combustilité et de la coloration de la flamme qu'il fournit en brûlant, nous supposons formé par le gaz des marais.

Si l'on veut pousser plus loin l'étude de cette tumeur, il faut recourir au microscope.

Examen microscopique de la tumeur. — En dissociant un fragment du tissu œdémateux qui entoure la tumeur, on reconnaît aisément l'existence d'une sorte de réticulum fibrineux entre les faisceaux du tissu conjonctif. Le tout baigne dans un liquide abondant où nagent des cellules déformées du tissu conjonctif, des cellules migratrices, des globules sanguins plus ou moins altérés et des microbes dont il sera question un peu plus loin.

Si l'on s'attaque au tissu musculaire même, rien n'est plus facile que d'isoler les faisceaux contractiles. L'examen d'une préparation est singulièrement facilité par l'emploi de l'éosine, du carmin, de la vésuvine ou du violet d'aniline B. Les fibres musculaires sont noyées dans des amas de globules sanguins et de cellules lymphatiques; en d'autres termes, on a sous les yeux un infarctus. Quant aux fibres, étouffées par le sang épanché, par les cellules lymphatiques et par la fibrine, privées du contact de l'oxygène, elles ont subi pour la plupart deux altérations principales, la dégénérescence graisseuse et la dégénérescence cireuse ou de Zenker (voir les figures 4 et 5 sur la planche finale).

Quelques-unes ont perdu çà et là leur striation; elle est remplacée par des granulations foncées ou brillantes, selon leur volume. Lorsqu'on a fait agir, sur des fragments de tumeur, la solution osmique à 1 p. 100, ces granulations sont colorées en noir. Les autres semblent constituées par une succession de fragments hyalins, réfringents, sur lesquels on aperçoit encore, dans quelques points, des traces de striation.

Les microbes caractéristiques sont nombreux autour des faisceaux et dans les espaces lymphatiques du tissu conjonctif intra-musculaire. On les voit, à l'intérieur même des fibres, dans les points qui répondent aux cassures de la substance contractile et où la continuité est établie seulement par le sarcolemme. De sorte que l'on peut se demander si ces microbes ont déterminé ces cassures, ou s'ils ont profité de leur existence pour s'introduire à l'intérieur du sarcolemme.

Les deux opinions peuvent se soutenir. M. Cornil, qui a fait une étude des lésions du charbon symptomatique sur le cobaye et du choléra des poules, admet la première. Il s'exprime ainsi, à propos du choléra des poules : « La série des préparations faites après durcissement du muscle dans l'alcool, qu'elles soient parallèles ou perpendiculaires à la direction des faisceaux musculaires, se complètent les unes par les autres et démontrent que les microorganismes pénètrent, avec des cellules lymphatiques et de la fibrine, dans l'intérieur des gaines sarcolemmiques, en détruisant, en dévorant par place la substance musculaire. » Et plus loin, au sujet du charbon symptomatique : « Le rôle des bacilles spéciaux du charbon symptomatique, considérés comme la cause de la fragmentation des faisceaux musculaires primitifs, est donc parfaitement net et démontré, aussi bien que celui du microbe du choléra des poules (1). »

Nous serions plus réservés sur le rôle des microbes dans la production de cette lésion. Nous croirions plus volontiers que la dégénérescence cireuse est primitive et que les mi-

(1) *Archiv. de physiol. nor. et pathol.*, 1882, p. 623 et 626. — Voy. aussi *les Bactéries*, par Cornil et Babes, 2ᵉ édition, 1886.

crobes pénètrent ensuite dans les fissures des fibres dégénérées.

A travers des pièces durcies dans l'alcool, on peut pratiquer des coupes minces parallèles ou perpendiculaires à la direction des fibres musculaires. On les colore dans une solution de violet B ; on les décolore ensuite graduellement dans l'alcool ; on les éclaircit par l'essence de girofle et on les monte dans le baume du Canada. Sur les coupes longitudinales, on aperçoit des faisceaux contractiles presque intacts, d'autres en état de dégénérescence graisseuse et cireuse, emprisonnés dans des amas de globules rouges ou de leucocytes ratatinés. Les microbes que l'on voyait si aisément sur les préparations de tissu frais sont masqués par la solidification des matières coagulables répandues entre les fibres et les masses de globules sanguins. Sur les coupes transversales, on voit les mêmes amas de globules rouges et blancs et les sections des fibres musculaires. Quelques gaines sarcolemmiques sont vidées de leur contenu normal ; il est remplacé par des granulations qui résultent des débris de la substance contractile et par des microbes plus ou moins agglutinés et méconnaissables, à cause de l'action de l'alcool (V. fig. 4 et 5).

M. Cornil (1) a étudié comparativement la tumeur du choléra des poules et celle du charbon symptomatique produite artificiellement, l'une sur le poulet et l'autre sur le cobaye. Les caractères de la tumeur se ressemblent beaucoup dans les deux affections. Toutefois, M. Cornil a remarqué « que l'exsudat déterminé par le charbon symptomatique est moins riche en fibrine et en cellules lymphatiques, moins compacte, moins solide, moins obstruant que celui du choléra, et tous les échanges nécessaires à la vie peuvent vraisemblablement

____

(1) *Loco cit.*, p. 626.

s'effectuer dans le liquide de cet exsudat. » Le même auteur
ajoute qu'il n'a pas vu dans le charbon symptomatique « de
mortification complète semblable au séquestre du choléra
des poules, ce qui tient à ce que la circulation du sang n'est
complètement interrompue en aucun point. »

Cependant, la mortification localisée du tissu conjonctif
et musculaire peut se montrer, après l'inoculation du charbon symptomatique, si les sujets inoculés ont été pourvus de
l'immunité contre cette affection par une inoculation antérieure, ou s'ils ont peu de réceptivité pour ce virus. M. Cornil ne l'a pas observée, parce qu'il inoculait des cobayes
indemnes, qui succombaient tous en peu de temps à l'inoculation unique qu'ils recevaient.

Si, au contraire, on pousse, dans les muscles de la cuisse
de cobayes vaccinés, cinq à six gouttes de virus frais, on
constate d'abord un empâtement chaud étendu à toute la
cuisse ; bientôt l'engorgement se circonscrit ; mais il reste
dans les muscles cruraux un nodule plus ou moins volumineux qui subsiste pendant six semaines ou deux mois. Des
phénomènes semblables se déroulent sur le bœuf, le mouton, quand ils sont vaccinés, et sur le cheval, l'âne, le mulet,
dont la réceptivité pour le virus du charbon symptomatique
est à peu près nulle.

Ce séquestre se compose de fibres musculaires mortifiées,
brunes ou rouge-orangé, plus ou moins dissociées. Il finit
par s'entourer d'une poche conjonctive dont la face interne
est tapissée par des grumeaux blancs ou jaunâtres qui ressemblent à du pus concrété ou plus exactement à de la matière caséeuse.

Il nous est arrivé parfois de trouver sur le mouton une
poche de la grosseur d'une noix ou d'une petite pomme, in-
dolore, remplie de pus grumeleux ou de cellules lymphatiques
mortes, de granulations graisseuses et de microbes inactifs.

M. Cornil a déterminé avec le plus grand soin la composition de la paroi qui entoure le séquestre musculaire dans les lésions du choléra des poules. Il a pu décomposer cette paroi en trois couches : une couche interne dans laquelle existent des cellules géantes ; une couche moyenne composée de grandes cellules fusiformes ou étoilées ; une couche externe formée de tissu conjonctif embryonnaire, parcourue par de nombreux vaisseaux sanguins. Les éléments cellulaires et les interstices de la couche interne et de la couche moyenne sont remplis de granulations graisseuses dont le volume diminue au fur et à mesure qu'on les observe plus près de la face externe.

M. Cornil déduit de la connaissance de la structure de la poche le mécanisme de la résorption du séquestre. Le rôle principal appartient aux cellules lymphatiques de la couche interne.

Effectivement, lorsque le séquestre est morcelé par la membrane qui végète, de manière à l'enserrer de toutes parts, les cellules en absorbent les débris et les divisent en particules très fines susceptibles d'entrer dans la circulation sanguine et lymphatique. En absorbant les débris du séquestre, les cellules lymphatiques deviennent énormes, au point de mériter le nom de cellules géantes. Il peut arriver qu'une seule cellule géante, colossale, pourvue d'un nombre considérable de noyaux, entoure un fragment de séquestre, et travaille à sa destruction (1).

Lorsque la tumeur se propage au voisinage d'un os, le périoste s'épaissit et prend la coloration rouge du système musculaire. Par dissociation, on observe des extravasations sanguines entre ses faisceaux fibreux. La moelle de l'os se vascularise et affecte la teinte de la moelle fœtale. Le mi-

(1) *Loco cit.*, p. 636 et suiv.

croscope y montre un nombre considérable de médullo-
celles, et, dans la sérosité, des microbes sous la forme de
granulations. Nous n'y avons pas observé le microbe en
bâtonnet.

C. *Cavité abdominale*. — Dans le cours de la maladie, certains sujets donnent des signes de coliques violentes. Chez
eux, la cavité abdominale renferme une quantité variable de
sérosité plus ou moins foncée. Généralement, cette sérosité
contient peu de globules sanguins en suspension; on y rencontre une petite quantité de granulations mobiles et de microbes en forme de bâtonnet.

Si une tumeur extérieure s'est étendue aux parois de l'abdomen, ou si une anse intestinale est enflammée, le péritoine
présente des taches lie-de-vin au contact des parties malades. Nous avons trouvé les muscles de l'abdomen parfois
noirâtres, parfois pâles et friables comme de la chair cuite.
Dans le premier cas, du sang et des cellules lymphatiques
s'étaient répandus entre les faisceaux musculaires; dans le
second, les lésions consistaient surtout en une dégénérescence graisseuse et cireuse des muscles.

D. *Appareil digestif*. — Souvent, chez les sujets qui succombent à des inoculations expérimentales faites dans les
muscles de la cuisse, l'appareil digestif est sain. D'autres
fois, surtout si l'évolution de la maladie a été un peu plus
lente que d'ordinaire, cet appareil offre des lésions variées
portant sur un point ou sur l'autre de son étendue.

Dans la forme *naturelle* désignée sous le nom de *glossanthrax*, nous avons trouvé les parois du *pharynx* et de l'*œsophage* noires et friables; les lésions s'étendaient aux muscles
de la base de la *langue* et au *voile du palais*. Au microscope,
ces organes offraient des altérations analogues à celles que
nous avons décrites à propos de l'appareil locomoteur.

Rarement les parois des organes de la *masse gastrique*

sont enflammées ; mais fréquemment le grand épiploon l'est à un haut degré : sa trame est infiltrée, épaissie, rouge, avec des taches plus foncées. répondant chacune à un petit foyer hémorrhagique. Le mésentère peut offrir de pareils désordres, mais ils y sont moins communs.

L'*intestin* est exceptionnellement rouge et épaissi dans toute sa longueur ; plus habituellement, une de ses portions seulement est malade, et celle-ci appartient à l'une quelconque des divisions du tube intestinal.

Le *foie* et la *rate*, sauf une décoloration qui est souvent la conséquence de la tympanite cadavérique, ne présentent pas de changements notables dans leur volume et leur consistance. Pourtant ils contiennent le microbe caractéristique en abondance ; celui-ci acquiert même dans le tissu du foie une taille exceptionnelle. La vésicule biliaire est toujours remplie de bile visqueuse où nagent un grand nombre de microbes.

Il peut arriver que le péritoine soit le siège de suffusions sanguines abondantes et que cette altération soit la lésion principale de la maladie.

M. Delamotte a décrit (1) une épizootie de charbon symptomatique qui a enlevé cinq bouvillons dans une étable des environs de Montauban, dans laquelle l'épiploon était transformé en une nappe sanguine et le péritoine intestinal et le mésentère étaient parsemés de taches ecchymotiques.

Il s'agissait bien du charbon symptomatique, car la preuve en a été fournie par l'examen microscopique et l'inoculation. Néanmoins, M. Delamotte n'a pas rencontré sur les cadavres une seule tumeur caractéristique dans l'appareil locomoteur.

Les lésions péritonéales peuvent parfaitement exister telles

(1) *Recueil de Médecine vétérinaire*, n° du 15 février 1884.

que **M.** Delamotte les a décrites; mais nous croyons qu'une recherche minutieuse aurait fait découvrir probablement quelques infarctus dans les muscles thoraciques ou pelviens.

E. *Appareil urinaire.* — Les reins sont souvent normaux, mais quelquefois ces organes, ou seulement celui du côté où siège la tumeur, dans le système musculaire, présentent des traces d'inflammation; leur atmosphère cellulo-adipeuse est alors infiltrée de sang, de sérosité ou de gaz. L'urine nous a paru plus claire qu'à l'état normal; elle renferme très peu ou point de microbes.

F. *Appareil génital.* — Lorsque, chez le mâle, la tumeur siège sur les membres abdominaux, le scrotum est souvent distendu, insufflé par les gaz, et les testicules possèdent la coloration lie-de-vin dont nous avons parlé plus haut à l'occasion des muscles.

Chez la femelle pleine, nous avons toujours vu les placentas utérins tuméfiés, ramollis et gorgés de microbes. On lira plus loin que ces microbes, sur la brebis au moins, passent facilement à travers le placenta pour se répandre dans l'organisme du fœtus.

G. *Cavité thoracique.* — On y rencontre des lésions analogues à celles de l'abdomen. Lorsque les parois de la poitrine (muscles inter-costaux et diaphragme) sont malades, la plèvre présente des plaques rougeâtres et des taches hémorragiques semblables aux plaques du péritoine. Un épanchement séro-sanguinolent est répandu entre le poumon et les parois thoraciques. Ces lésions sont surtout prononcées lorsque la tumeur siège sous l'épaule, ou bien lorsqu'on a déterminé la mort d'un sujet par l'injection d'une dose considérable de virus dans les veines.

H. *Appareil respiratoire.* — La muqueuse qui tapisse la cloison cartilagineuse des *fosses nasales*, la base des cornets et les volutes ethmoïdales, est quelquefois vivement congestionnée et même noire dans certains points. On croirait volontiers au coryza gangréneux; mais l'examen microscopique révèle, au sein de la muqueuse, la présence du microbe du charbon symptomatique.

Chez les jeunes bovidés, le *thymus* s'est toujours montré très altéré, sa pulpe riche en microbes et très virulente.

Quant aux *poumons*, ils sont généralement engoués à la base, et parfois dans une grande étendue, lorsque la tumeur est préthoracique, ou après une injection intraveineuse. Jamais nous n'avons observé une véritable hépatisation.

I. *Appareil circulatoire et sang*. — Dans les conditions où les plèvres sont très malades, le *péricarde* contient de la sérosité où nagent des cellules endothéliales déformées, fusiformes, des microcoques et de rares microbes en bâtonnet. Le *myocarde* présente çà et là quelques taches hémorragiques.

L'*endocarde* est généralement coloré dans les deux cœurs, surtout vers les sommets.

Le *sang* qui remplit les cavités cardiaques et les gros vaisseaux est coagulé comme à l'état normal. La diffluence du sang est donc loin d'être un caractère du charbon symptomatique, ainsi que l'on était tenté de le croire lorsqu'on regardait cette maladie comme l'une des formes de la fièvre charbonneuse. Histologiquement, ce liquide semble peu modifié; les globules ne sont point déformés. Le spectroscope démontre qu'il possède les mêmes propriétés optiques que chez les sujets sains.

Pendant la dernière période de la vie, le sang des animaux atteints de charbon symptomatique renferme, outre l'oxygène, l'azote et l'acide carbonique, des gaz non absorbables par la potasse et l'acide pyrogallique, qui, probablement, présentent la même origine que les gaz de la tumeur.

Effectivement, nous avons analysé les gaz contenus dans

le sang artériel d'un mouton qui était sur le point de mourir des suites d'une inoculation.

Une demi-heure avant la mort, nous avons trouvé dans 100 volumes de sang :

$$CO^2 \dots \dots \dots \dots \dots \dots \dots \dots \dots \dots \quad 58,4$$
$$O \dots \dots \dots \dots \dots \dots \dots \dots \dots \dots \quad 20,0$$
$$\text{Résidu} \dots \dots \dots \dots \dots \dots \dots \dots \quad 9,2$$

On sera frappé de trouver dans cette analyse un résidu si considérable. Évidemment ce chiffre représente plus que l'azote qui existe dans le sang en toutes circonstances. Ce mouton présentait une grande quantité de gaz entre les faisceaux musculaires de la tumeur, et nous inclinons à croire que le sang se charge de l'hydrogène carboné qui prend naissance dans les tissus, sous l'action fermentescible du microbe. D'ailleurs l'appareil circulatoire en entier peut se remplir de gaz après la mort.

Cette manière de voir est confirmée par les analyses suivantes qui démontrent :

1° Que le rapport $\frac{CO^2}{O}$ augmente pendant l'évolution du charbon symptomatique ;

2° Que le résidu est presque normal quand la tumeur n'est pas encore emphysémateuse.

Le 10 janvier 1885, on inocule un mouton dans la cuisse droite. Au même moment, on recueille les gaz contenus dans le sang artériel. On leur trouve la composition suivante :

$$CO^2 \dots \dots \dots \dots \dots \quad 53,30$$
$$O \dots \dots \dots \dots \dots \quad 19,20 \qquad \frac{CO^2}{O} = 2,70$$
$$\text{Résidu} \dots \dots \dots \dots \quad 3,50$$

Le lendemain, la cuisse est gonflée, œdémateuse mais non crépitante. On fait une nouvelle analyse des gaz du sang artériel. On obtient pour résultat :

$$Co^2 \dots \dots \dots \dots \dots \quad 43,6$$
$$O \dots \dots \dots \dots \dots \quad 41,80 \qquad \frac{Co^2}{O} = 3,69$$
$$\text{Résidu} \dots \dots \dots \dots \quad 3, »$$

Nous pouvons nous dispenser de commenter ces chiffres.

J. *Système lymphatique.* — La plupart des ganglions lymphatiques sont malades. Ceux du côté ou siège la tumeur sont beaucoup plus rouges, plus hyperhémiés, plus infiltrés que ceux du côté opposé. Quand il y a glossanthrax, les ganglions sous-maxillaires, pharyngiens, auriculaires, rétropharyngiens sont très gros, rouge foncé; les glandes salivaires qui les avoisinent participent à leur inflammation. Quand le poumon est malade, les ganglions médiastinaux sont enflammés. Rarement les ganglions mésentériques sont hyperhémiés; ils conservent leur couleur et leur volume habituels, bien que le microscope ou l'inoculation les montrent envahis par l'agent infectieux.

ARTICLE II

MICROBE DU CHARBON SYMPTOMATIQUE.

La tumeur, la sérosité environnante, les organes malades et même le sang renferment un microbe qui est l'agent de la virulence (Voyez fig. 1, 2, 3 de la planche finale).

A. *Distribution; forme; dimensions.* — *Réactions.* — Le sang est le plus souvent très pauvre en microbes pendant la vie des malades. Mais, après la mort, et surtout plusieurs heures après la mort, il se peuple abondamment d'organites microscopiques qui s'offrent à l'observateur sous les deux formes suivantes : 1° celle de *microcoques*, souvent très pâles, et par suite difficiles à voir au sein du plasma; leur présence est principalement révélée par les ébranlements qu'ils communiquent aux hématies en s'agitant au sein du véhicule ; on peut les mettre plus nettement en évidence à l'aide du bleu d'aniline ou de la vésuvine, etc. ; ces corpuscules mesurent environ $0^{mm},0002$ de diamètre ; 2° celle de *bactéries* longues de $0^{mm},005$, $0^{mm},008$, larges de $0^{mm},001$, homogènes, douées d'une grande mobilité. Ce dernier microbe monte et descend avec agilité dans la couche de liquide qui compose la préparation microscopique, s'infléchit en arc ou en S, pirouette sur lui-même de manière à se présenter dans le sens de sa longueur, ou obliquement, ou par l'une de ses extrémités. Il change donc d'aspect, pour ainsi dire, à vue d'œil.

Ces deux formes se rencontrent dans la sérosité des œdèmes qui avoisinent les tumeurs musculaires ; elles y sont en plus grande quantité que dans le sang et associées à une troisième forme, celle d'une bactérie pourvue d'un corpuscule brillant ou d'une spore à l'une des extrémités.

Le bactérien nucléé mesure de $0^{mm},005$ à $0^{mm},010$ de longueur, sur $0^{mm},0011$ et $0^{mm},0013$ de largeur ; le corpuscule brillant occupe environ le tiers de la longueur. Il est moins mobile que le bactérien homogène, se déplace en oscillant, sans jamais s'infléchir en arc ou en S. Lorsqu'il est très long, il est quelquefois pourvu d'un corpuscule à chaque extrémité et articulé dans son milieu.

La forme du microbe du charbon symptomatique offre certaines variétés intéressantes. Ainsi, la partie qui renferme la spore est parfois légèrement renflée, ce qui donne à l'organisme l'apparence d'un battant de cloche. Souvent aussi, vingt-quatre à trente-six heures après la mort, il devient fusiforme. Ce changement, qui lui donne les caractères attribués autrefois au genre *Clostridium*, se présente sur les microbes sporulés et non sporulés.

Nous savons que ce microbe est très abondant dans le tissu conjonctif et dans le sang répandus entre les faisceaux primitifs contractiles; il pénètre même à l'intérieur de ceux-ci, à la faveur des déchirures du sarcolemme, de la fragmentation du contenu et de leurs mouvements. Il en résulte qu'il est difficilement entraîné par la sérosité qui s'écoule d'une petite blessure faite aux tumeurs. Si on veut l'obtenir pour l'étudier ou l'inoculer, il faut l'extraire par raclage ou par trituration du tissu conjonctif inter et intramusculaire, où il est en quelque sorte cantonné. On le retrouve avec les mêmes caractères dans les parenchymes, foie, rate, rein, poumon et dans les glandes lymphatiques.

Il va sans dire que ce microbe résiste très bien à l'action des alcalis et des acides. Sous l'influence de la teinture d'iode, il prend une teinte violette, surtout lorsqu'il est à l'état de bactérie non sporulée. De forts grossissements permettent de voir que la teinte violette est fixée sur des granulations disséminées dans le protoplasma. L'éosine supprime rapidement les mouvements de ce microbe.

Si l'on fait une simple dissociation de l'œdème et que, dans le but de la conserver, on l'additionne de glycérine, non seulement les bactéries continuent à s'y mouvoir, mais elles s'y segmentent et, au bout d'un à deux jours, elles sont remplacées par des corpuscules mobiles.

B. *Moyens d'étude.* — Sous la forme de bâtonnets, le microbe du charbon symptomatique est toujours très facile à voir à l'état frais. En raclant les muscles malades, ou en les triturant dans quelques gouttes d'eau, on obtient aisément les éléments d'excellentes préparations sur lesquelles les personnes les moins exercées saisiront immédiatement tous les caractères du micro-organisme.

Mais l'on n'a pas toujours un animal récemment mort ou une pièce fraiche sous la main pour faire des préparations extemporanées. Il devient donc nécessaire de monter le microbe en préparations persistantes.

Le micro-organisme du charbon symptomatique n'est pas de ceux qui fixent facilement les couleurs d'aniline. Il ne faudra donc pas s'étonner si l'on ne réussit pas parfaitement dès les premières tentatives.

M. Cornil a indiqué le procédé suivant dans le travail précité : dissocier une parcelle d'œdème musculaire sur une plaque de verre, colorer, laisser sécher à l'air, passer dans la flamme d'une lampe à alcool, éclaircir avec l'essence de girofle, ajouter une goutte de baume du Canada, puis recouvrir d'une mince lamelle. On obtient de la sorte des préparations persistantes.

Nous recueillons de très bons résultats d'une méthode qui consiste à étendre une goutte de suc musculaire ou de sérosité sur une lame de verre, où on la laisse se dessécher ; on recouvre d'une petite quantité de solution alcoolique concentrée de violet d'aniline pendant 10 à 15 minutes ; on lave à l'eau ordinaire ; on fait sécher une seconde fois, on éclaircit, puis on monte dans le baume du Canada.

Pour obtenir des microbes débarrassés de particules étrangères, nous employons le moyen suivant : on triture un morceau de tumeur dans un mortier, en ajoutant quelques centimètres cubes d'eau ; on exprime à travers une mousseline fine, et on laisse reposer dans un verre à pied étroit ou dans un tube à essai ; au bout de quelques heures, lorsque les parcelles étrangères ont été entraînées au fond du vase, on aspire près de la surface avec un tube capillaire ; on étale le liquide sur des lamelles de verre ; on fait sécher et on colore selon les procédés classiques, avec le violet ou le bleu d'aniline ou avec la fuschine ; le lavage des lamelles sera fait avec de l'alcool étendu.

Lorsque les bâtonnets sont dépourvus de spores, ils restent uniformément colorés. S'ils renferment des spores, celles-ci retiennent la matière colorante ; le corps du bâtonnet a des contours vaguement indiqués. Souvent, dans ce cas, la place des microbes est marquée par de simples taches ovales colorées en bleu ou en violet ; on devine plutôt qu'on ne voit le reste de ces organismes.

C. *Dénomination du microbe.* — Dans l'édition précédente, la maladie est désignée de préférence sous le nom de Charbon bactérien.

Cette dénomination impliquait que nous regardions son micro-organisme spécifique comme une bactérie.

Nous nous basions alors sur la classification très simple de Davaine. Effectivement, le microbe du charbon symptomatique est une cellule courte et mobile, contrairement à celui de sang de rate qui, à l'état complet de développement, est une baguette multicellulaire, généralement immobile. Or l'objectif principal que nous poursuivions à cette époque était d'établir nettement la différence qui sépare le sang de rate du charbon symptomatique. Il nous paraissait atteint en proposant cette dénomination.

Mais aujourd'hui, nous nous trouvons dans l'obligation d'insister davantage, attendu que la classification de Davaine a beaucoup vieilli et que des nomenclatures nouvelles se sont substituées à elle.

Dans les classifications de Cohn, de Wunsche, de Rabenhorst et Pflugge, on trouve parmi les bactéries à corps cylindrique les genres *Bacterium* et *Bacillus*. Mais les pathologistes s'entendent si mal sur les caractères de ces deux groupes, que le premier a presque entièrement disparu de leur langage et de leurs descriptions. Lorsqu'on parcourt les publications récentes sur la pathologie microbienne, on ne peut se défendre de quelque étonnement en voyant que les microbes pathogènes sont tous considérés comme des bacilles ou des microcoques.

Devons-nous suivre cette marée montante de bacilles et

accepter sans examen les dénominations que l'on a proposées pour caractériser le microbe du charbon symptomatique? Non, il faut examiner cette question en s'appuyant sur la connaissance des caractères morphologiques des Bactériacées.

Plusieurs auteurs considèrent le mode de multiplication des micro-organismes au moyen de spores comme l'un des caractères qui distinguent les bacilles des bactéries. On ajoute encore que les bacilles adultes sont formés par une série d'articles courts dont chacun figure une cellule cylindrique, tandis que les bactéries sont constituées par une cellule courte, cylindrique et isolée.

Malheureusement la présence des spores n'a pas la signification précise que quelques personnes prétendent lui donner. Plusieurs botanistes accordent à toutes les Bactériacées l'aptitude à fournir des spores. M. Zopf (*die Spaltpilze*) dit explicitement que la sporulation semble liée principalement à la forme en bâtonnet, mais qu'elle existe néanmoins dans les microbes qui revêtent la forme de coccus, de bacterium, de vibrio, de spirillum. Le *Bacterium tumescens* (Zopf) donne des spores aussi bien à l'état de bâtonnet qu'à l'état de coccus.

M. Van Tieghem exprime à peu près les mêmes idées lorsqu'il écrit que la formation des spores, relativement fréquente dans les genres Bacillus et Bacterium, semble l'être beaucoup moins dans le genre Micrococcus.

Il attribue très nettement aux bactéries le pouvoir de fournir des spores. Les bactéries vertes (*Bacterium viride*), dit-il, produisent des spores comme les autres, en se décolorant, c'est même à ce caractère qu'on reconnaît les algues pour de vraies bactéries. Enfin, on a décrit et figuré des spores dans les espèces *Bacterium lucens*, *Bacterium cyanogenum*.

En résumé, la présence des spores dans les microbes pathogènes n'implique pas forcément que ces microbes appartiennent au genre *Bacillus*. Au surplus, beaucoup de Bactériacées sont appelées indistinctement bacilles ou bactéries par certains auteurs.

Jusqu'à présent, il n'y a donc pas de raison dirimante pour rattacher le microbe du charbon symptomatique aux bacilles plutôt qu'aux bactéries.

La division des filaments mycéliques en articles juxtaposés constitue-t-elle un caractère générique absolument distinctif des bacilles et des bactéries?

Il est incontestable que les bacilles adultes, surtout lorsqu'ils ont végété dans un milieu favorable, forment de longs filaments articulés avant de présenter des spores. Mais les bactéries peuvent aussi présenter deux ou trois articles. Le fait, généralement admis par les bactériologistes, que les bactéries se multiplient surtout par division nous dispense de discuter cette assertion. Seulement les articles sont toujours peu nombreux et se séparent promptement sur les bactéries, tandis qu'ils sont nombreux et restent longtemps soudés bout à bout chez les bacilles.

La confusion est donc fort possible entre une bactérie adulte divisée en deux articles presque égaux et un bacille jeune qui n'en est qu'à la formation de son second article. Elle est encore possible entre une bactérie adulte non articulée et un bacille jeune, sans articulation, comme on le rencontre dans le sang des moutons charbonneux.

Conséquemment, il nous paraît impossible d'établir des coupes génériques d'après le simple examen de deux microbes observés à certaine phase de leur évolution ; pour cela, il faut les suivre dans leur développement.

Or le microbe du charbon symptomatique ne prend jamais une grande longueur ; jamais il ne présente plus de deux articles ; ces articles sont à peu près toujours séparés quand ils forment une spore ; cette spore est rapprochée de l'une des extrémités. Tous ces caractères appartiennent plutôt au genre *Bacterium* qu'au genre *Bacillus*.

Nous proposons donc de ranger le microbe du charbon symptomatique parmi les Bacterium et de l'appeler *Bacterium Chauvœi*, du nom de notre maître M. Chauveau, qui nous a prêté son bienveillant concours pendant toute la durée de nos longues recherches sur cette affection charbonneuse.

Nous croyons avoir toute liberté de proposer cette désignation.

Pourtant M. le professeur Rivolta, de Pise, pense avoir décrit ce microbe depuis l'année 1870, sous le nom de *Bacterium cuneatum*, puis de *Bacterium ocello-cuneatum* (*Giornale di anat. fisiol. patol. degli animali*, jennaio, febbraio 1882).

Mais M. Rivolta a été trompé par les apparences. Il suffit de savoir qu'il a recueilli le *Bacterium cuneatum* sur le cheval et qu'il l'a inoculé fructueusement au porc et au lapin pour repousser l'assimilation qu'il a proposée dans le fascicolo V, anno 1881, du *Giornal di anat. fisiol.*, *e pathol. degli animali*. En effet, le micro-organisme que nous regardons comme spécifique au charbon emphysémateux du bœuf n'évolue pas dans le tissu cellulo-musculaire du porc et du lapin, et le cheval constitue pour lui un très mauvais terrain.

Nous ajouterons que la ressemblance morphologique n'implique pas l'identité spécifique. Ainsi l'agent producteur de la septicémie gangréneuse ou gazeuse est fort semblable, dans le tissu conjonctif, à celui du charbon emphysémateux ; pourtant il appartient à une espèce distincte. A preuve, nous dirons que le micro-organisme de la septicémie gangréneuse tue le cheval, l'âne, le lapin, le mouton, le cobaye, le porc, tandis que celui du charbon symptomatique n'évolue que sur le mouton et le cobaye, parmi les animaux susnommés, et sur le bœuf.

Neelsen et Ehlers affirment que le microbe du charbon symptomatique n'est pas un bacille, mais un *Clostridium*.

Cette assertion confirme l'opinion que nous avons exprimée, car un *clostridium* n'est pas autre chose qu'un bacterium qui, au moment du développement des spores, devient ellipsoïde ou fusiforme.

Pour le microbe du charbon symptomatique, la forme en fuseau ou en massue n'est en quelque sorte qu'un accident dans son existence. On l'observe au sein de la tumeur charbonneuse, vingt-quatre à trente-six heures après la mort, quand la température extérieure a été assez basse pour empêcher la putréfaction, et elle n'est pas liée nécessairement au développement de la spore. Un certain nombre de microbes se changent en fuseau sans offrir de corpuscules-germes.

Si nous faisons remarquer, maintenant que le micro-organisme du charbon symptomatique conserve et transmet toutes ses propriétés sous la forme de filaments cylindriques munis ou dépourvus de spore, qu'il ne prend point régulièrement la disposition fusiforme dans les cultures artificielles, on admettra probablement avec nous qu'il n'y a pas lieu de préférer une dénomination qui rappelle simplement une phase accidentelle dans la vie du micro-organisme qui nous occupe.

Au surplus, le genre Clostridium est à peu près abandonné par les botanistes; il disparaît des classifications, pour le motif que nous énonçons plus haut.

Les développements dans lesquels nous sommes entrés justifieront, nous en avons l'espérance, le nom sous lequel nous voudrions introduire le microbe du charbon symptomatique dans la pathologie microbienne.

CHAPITRE IV

La maladie qui fait l'objet de ce travail étant très bien
définie par ses symptômes et ses lésions, nous allons aborder
la partie expérimentale de nos études.

Mais auparavant, disons qu'il y a lieu de distinguer entre
les espèces qui contractent la maladie spontanément et celles
qui ne la contractent qu'expérimentalement. Parmi les
premières, on ne connaît guère que l'espèce bovine. On a
signalé le charbon symptomatique sur l'agneau et le poulain,
mais les cas en sont extrêmement rares. L'un de nous ne l'a
jamais vu sur l'agneau et l'a observé une seule fois sur le
poulain pendant une pratique de seize ans dans un pays où
les victimes de l'espèce bovine sont très nombreuses.

ARTICLE PREMIER

INOCULABILITÉ.

Une des questions les plus importantes à résoudre, parmi
celles que nous nous proposons d'examiner est assurément
celle de l'inoculabilité, car elle se pose au premier rang,
aujourd'hui, chaque fois qu'il s'agit d'une maladie infectieuse dont les agents de propagation renaissent pour ainsi
dire de leurs cendres indéfiniment.

§ Ier .

Conditions à remplir pour inoculer cette maladie.

Le charbon bactérien est inoculable; mais les nombreuses expériences que nous avons faites nous ont démontré que l'on peut échouer dans sa transmission artificielle pour les cinq motifs suivants :

1° Parce que l'on ne choisit pas, pour faire les inoculations, des sujets parmi les espèces aptes à prendre cette maladie;

2° Parce que, dans l'une des espèces aptes à l'évolution de la maladie, les sujets ont un âge qui diminue leur réceptivité;

3° Parce qu'on ne va pas chercher la matière infectieuse chez les malades, là où l'on est sûr de la recueillir;

4° Parce que l'on n'emploie pas une dose suffisante de matière infectieuse, eu égard à son activité;

5° Parce qu'on inocule le virus dans une région peu favorable à sa multiplication.

A. — Au début de nos recherches, sous l'empire des idées régnantes sur la nature du charbon symptomatique, nous expérimentions sur le *lapin*. Or, après un grand nombre de tentatives d'inoculation toutes infructueuses, nous étions sur le point de proclamer la non-inoculabilité de cette maladie, et nous l'aurions fait si nous n'eussions connu les expériences de M. Chauveau et de quelques autres expérimentateurs qui avaient appris que toutes les espèces sont loin de présenter la même réceptivité pour une matière virulente donnée. Nous choisîmes donc nos sujets parmi d'autres espèces, et nous acquîmes rapidement la certitude que le charbon symptomatique se communique facilement par inoculation au *bœuf*, au *mouton* et au *cochon d'Inde*.

L'organisme des premiers de ces animaux constitue les milieux les plus aptes à l'évolution de la maladie. Le cochon d'Inde est encore une espèce favorable, et l'expérimentateur peut, en raison de la modicité de son prix, en user largement pour éprouver et entretenir la matière infectante; pourtant il ne faudrait pas le comparer au bœuf et au mouton, car, à la longue, la matière infectieuse s'épuise partiellement en passant dans l'organisme du cochon d'Inde. Il nous est arrivé, dans ces conditions, de causer seulement au point inoculé une tuméfaction énorme qui s'est terminée par l'ouverture spontanée d'abcès et de conférer l'immunité.

La *chèvre* peut contracter expérimentalement la maladie; mais elle réserve quelquefois des mécomptes.

Le *rat blanc*, l'*âne* et le *cheval* résistent ordinairement aux inoculations du charbon symptomatique; ils ne gagnent que des engorgements locaux qui disparaissent au bout de quelques jours, en laissant un abcès circonscrit ou un séquestre très petit.

Nous regrettons de ne point avoir pu faire jusqu'à présent d'inoculations sur le poulain et d'avoir été forcés de nous adresser à de vieux équidés, ânes et chevaux. Nous avons déjà dit que dans l'espèce bovine les sujets de six mois à quatre ans sont plus particulièrement aptes à contracter la maladie. Une obervation recueillie par l'un de nous nous fait vivement désirer de pouvoir expérimenter sur de jeunes chevaux. Un poulain sevré, laissé depuis quelques mois en liberté dans un pâturage du Bassigny, présenta vers le milieu de la fesse une tumeur accompagnée d'une boiterie intense, tumeur qui acquit promptement des dimensions considérables et envahit toute la fesse et la croupe;

elle était crépitante, sonore, et une petite incision en fit échapper des gaz. La mort arriva bientôt, et l'examen de la tumeur la montra formée de muscles noirs qui, triturés, donnèrent une pulpe où se voyaient de nombreux organismes en bâtonnets. Un accident empêcha malheureusement de faire l'inoculation de cette pulpe.

Il nous est donc permis seulement de soupçonner que l'espèce chevaline est probablement douée d'une très faible réceptivité pour le charbon bactérien, comme l'espèce canine, par exemple, pour le charbon bactéridien. Mais dans ces deux espèces on rencontre des conditions individuelles qui ne sont point encore déterminées, où cette immunité peut être vaincue, soit parce qu'elle est diminuée, soit parce que le virus est doué d'une très grande puissance d'action, soit parce qu'il rencontre, en entrant dans l'économie, un organe qui lui est favorable et où il commence à pulluler, de sorte que l'infection générale s'effectue comme si l'inoculation avait lieu à doses massives.

Le *porc*, le *chien*, le *chat*, le *rat d'égout*, le *canard*, la *poule* et le *pigeon* nous ont paru absolument hors des atteintes de la maladie.

Il est généralement admis que le charbon décime l'espèce porcine. Dans les *Traités* spéciaux de Pradal, de Viborg, de Bénion, de G. Heuzé, on décrit la gastro-entérite charbonneuse, la fièvre charbonneuse, le typhus charbonneux et d'autres formes des affections carbunculaires, telles que le glossanthrax, l'estranguillon et l'esquinancie charbonneuse du porc.

Pourtant, dès 1847, Roche-Lubin avait déjà fait une restriction ; il avait écrit que les porcs résistent à l'inoculation du virus charbonneux quand il est puisé sur des animaux d'autre espèce que la leur.

A la suite de ses expériences, Renault, de son côté, a

conclu à l'inaptitude du porc à contracter le charbon par
ingestion des viandes provenant de cadavres charbonneux;
mais il n'a pas entraîné toutes les convictions, car, depuis,
des vétérinaires ont publié des observations où ils affirment
la possibilité de la transmission par cette voie (1).

L'influence des idées régnantes était telle que, en 1860,
Leisering ayant observé une épizootie sur des porcs, la dé-
clara de nature carbunculaire, et comme il ne trouvait pas
le *B. anthracis* dans le sang, il en vint même à conclure que
le charbon peut exister sans microbes et que ceux-ci n'en
sont nullement la condition nécessaire (2).

L'incertitude continuait donc à planer sur cette question
de réceptivité, et il était nécessaire de l'aborder par le
côté expérimental, en distinguant le *charbon bactérien* ou
symptomatique du *charbon bactéridien* ou sang-de-rate. C'est
ce que nous avons fait.

Le porc résiste complètement à l'inoculation du virus du
charbon bactérien. Nous avons profité des nombreux sujets
que renferme la porcherie de la ferme expérimentale de
l'Ecole vétérinaire, pour multiplier et varier nos essais.
Nous avons fait plus de vingt inoculations sur des porcs
bressans, dauphinois, yorkshires, berkshires et essex, mâles
et femelles; nous avons pris des animaux de tout âge, des
porcelets âgés de quinze heures seulement et des truies de
deux ans; nous leur avons inoculé des doses de virus bien
supérieures à celles qui tuent des veaux et des moutons, sans
causer quoi que ce soit d'appréciable. Les animaux ne sem-
blaient pas s'apercevoir de l'introduction dans leurs tissus
d'un agent si terrible pour les sujets des espèces bovine et
ovine et pour le cobaye.

<hr>

(1) Dus, *Recueil de Médecine vétérinaire*, année 1875; Nocard, *Bulletin de
la Société centrale vétérinaire*, 1883, p. 104.
(2) Leisering, *Bericht über das Veterinärwesen im Königr. Sachsen*, 1860.

Nous avons recherché également si le porc est apte à gagner le sang-de-rate.

Les travaux de Brauell (1), de M. Toussaint (2) et ceux que nous avons exécutés nous-mêmes il y a quelques années avaient amené à conclure à la non-réceptivité de l'espèce porcine pour la fièvre charbonneuse.

La question semblait donc résolue par la négative, quand parurent les derniers travaux de Koch sur la virulence propre des spores des bactéridies charbonneuses. La connaissance de ces travaux fit reprendre à l'un de nous (3) l'examen de l'aptitude du porc à contracter le sang-de-rate. De nombreuses expériences firent voir à nouveau que les bâtonnets charbonneux, quelle que soit leur voie d'introduction dans l'économie, tissu musculaire et vaisseaux, sont impuissants à communiquer le sang-de-rate au porc.

On se servit alors de cultures extrêmement riches en spores, provenant du laboratoire de M. Chauveau et dont l'activité virulente fut préalablement essayée sur des espèces douées de réceptivité. Du pain imbibé de ce liquide de culture a été distribué à des porcs laissés à jeun au préalable; son ingestion n'a été suivie d'aucun effet. Parallèlement, des inoculations sous-cutanées ont été pratiquées sur une autre série de porcs d'âge, de sexe et de race variés. On a débuté par cinq gouttes et successivement on est arrivé à 1/2, 1, 1 1/2, 2, 3 et 4 centimètres cubes de ce liquide chargé de spores. Cette dernière quantité poussée dans les cuisses d'un porc berkshire, âgé de huit mois et pesant 40 kilogrammes, a été mortelle pour cet animal, qui a succombé quatre jours après l'inoculation. L'examen microscopique n'a montré

(1) *Versuche betreffend den Milzbrand und den Rothlauf der Schweine,* Œsterr. Vierteljahrsschrf. f. Wissensch., 1865.

(2) *Loco citato,* page 86.

(3) Ch. Cornevin, *Première étude sur le rouget du porc.* Paris, 1885, page 80.

que de rares bactéridies siégeant seulement dans la rate
et les ganglions inguinaux ; il a été impossible d'en découvrir
dans le sang. Un cobaye inoculé avec le liquide de pulpe
splénique de ce porc est mort le lendemain.

Le résultat de cette expérience doit nous faire modifier
nos conclusions primitives et nous empêcher de regarder
le porc comme *absolument* réfractaire au sang-de-rate,
mais il confirme que c'est un animal fort difficile à conta-
miner. Pour y arriver, il a fallu employer une *dose massive*
de spores et l'introduire directement dans les tissus cellulaire et musculaire. En effet, après cette expérience on
a fait ingérer jusqu'à 8 centimètres cubes de liquide chargé
de spores à un porcelet laissé à jeun depuis trente heures ;
il n'a point paru s'en ressentir.

Si l'organisme des Suidés n'est point un terrain favorable
à la vie et à la prolifération des microphytes des deux
maladies charbonneuses, en revanche il est d'autres microbes qui s'y multiplient avec une grande rapidité. Nous
citerons particulièrement ceux du rouget et de la gangrène
gazeuse, dont la multiplication amène à peu près constamment la mort.

Il est peut-être utile de rappeler que, macroscopiquement,
il y a chez le porc d'assez nombreuses ressemblances entre
les lésions de la fièvre charbonneuse, celles du rouget et celles
de la septicémie gangréneuse, pour qu'on ait pu s'y tromper
tant que l'on n'a pas fait un usage courant du microscope.

Il y a, en tous cas, les plus fortes présomptions pour que
la mortalité observée sur les porcs à la suite d'ingestion de
viandes dites charbonneuses doive être attribuée le plus
souvent à la septicémie ou au rouget, et très rarement au
sang-de-rate.

Nous avons aussi étudié l'action du charbon bactérien sur

des *animaux à sang froid*, et nous sommes arrivés, comme
on va le voir, à des résultats très curieux.

Si l'on pousse sous la peau ou dans les muscles de la
cuisse d'une grenouille un peu de virus frais, ce petit animal
n'en paraît ressentir, ni immédiatement ni dans la suite,
aucun effet ; il continue à vivre de sa vie ordinaire dans
l'aquarium, et une observation attentive ne permet pas de
percevoir le moindre signe de malaise. Pourtant les
microbes ont quelque action locale, car si l'on tue la grenouille le lendemain ou le surlendemain, les muscles de la
cuisse, à l'endroit où a été effectuée l'inoculation, présentent une teinte lie-de-vin toute particulière. Ces mêmes microbes, emportés sans doute par les courants intertissulaires
et par la circulation lymphatique, se répandent dans tout
le corps ; on les retrouve partout, sous la peau, dans les
muscles éloignés du point d'inoculation ; ils affectent la
forme de bactéries qui deviennent d'autant plus rares qu'on
s'éloigne davantage du moment de l'injection, et de granulations qui suivent une marche inverse.

Qu'on ampute le bras d'une grenouille qui a reçu du virus
à la cuisse, qu'on en broie les muscles avec quelques
gouttes d'eau, et qu'on inocule à un animal, cobaye ou
mouton, le liquide extrait de la pulpe ainsi préparée, on
communiquera le charbon symptomatique.

La transmission se fera sûrement, si l'on prend des muscles sur une grenouille inoculée depuis un à cinq jours. Du
cinquième au douzième jour la transmission est fort irrégulière, et les résultats plus souvent négatifs que positifs ; à
partir du quinzième jour, et bien que l'examen du liquide
des sacs lymphatiques continue à montrer un très grand
nombre de granulations, l'inoculation reste infructueuse.
Mais que l'on use d'un artifice : que l'on place la grenouille
inoculée dans une étuve à 22°, les microbes reprennent leur

activité et la tuent de la quinzième à la trentième heure. Le liquide des sacs lymphatiques ou celui préparé avec les muscles communique un charbon mortel aux animaux à sang chaud doués de réceptivité, et, inoculé à d'autres grenouilles, il reproduit la série des phénomènes que nous venons d'indiquer. Nous allons citer quelques-unes de nos expériences :

23 *décembre* 1881. — Nous poussons dans la cuisse de quelques grenouilles 5 gouttes de liquide de pulpe charbonneuse provenant d'un cobaye. Quatre jours après, le 27, nous tuons une des grenouilles inoculées, nous raclons la sérosité de ses sacs lymphatiques, nous l'additionnons d'un peu d'eau distillée et nous obtenons un liquide riche en bâtonnets courts et en granulations qui est inoculé séance tenante à un cobaye. Mort de ce cobaye le 29 au matin, avec tumeur charbonneuse très noire.

30 *décembre* 1881. — Ce jour, nous prenons une des grenouilles inoculées sept jours auparavant, le 23. Nous la tuons et préparons, comme précédemment, avec la sérosité lymphatique, un liquide que nous inoculons à un cobaye et à une grenouille. Ni l'un ni l'autre de ces animaux ne présentent consécutivement de symptômes appréciables de maladie.

18 *janvier* 1882. — Nous prenons la grenouille inoculée le 30 décembre (comme il vient d'être dit dans l'expérience précédente), avec du virus que nous appellerons de deuxième génération, puisqu'il provenait déjà d'une grenouille, et nous la plaçons avec une autre grenouille vierge de toute inoculation, qui doit servir de témoin, dans un vase contenant de l'eau, déposé dans une étuve maintenue à 22°. Le lendemain matin, la grenouille inoculée meurt, tandis que sa compagne continue à être fort vigoureuse dans l'eau tiède où elle est plongée. Pour fournir la preuve que ce n'est pas la température qui a tué la grenouille inoculée, on laisse dans l'étuve celle qui sert de témoin encore trente heures après la mort de la première ; elle en sort toujours vigoureuse.

L'ouverture de la grenouille qui a succombé ne montre pas de tumeur, mais le liquide des sacs lymphatiques est fort riche en granulations très brillantes. On l'inocule immédiatement à deux animaux à sang chaud, le *chien* et le *cobaye*, dont l'un est apte à l'évolution du charbon bactérien, tandis que l'autre ne l'est pas, afin de bien se rendre compte que l'on a affaire au microbe du charbon et non à l'agent de la septicémie qui agit rapidement sur le chien. Dix-huit heures après l'injection, le cobaye meurt avec une tumeur typique à la cuisse inoculée. Après avoir boité assez fortement dans la journée de l'inoculation, le chien retrouve dès le lendemain sa pétulance, son appétit et toute trace de boiterie a disparu.

B. — L'observation clinique a appris depuis longtemps que dans l'espèce bovine, où le charbon bactérien évolue naturellement et spontanément (en opposant cette dernière expression à sa production expérimentale), les jeunes sujets à la mamelle ou sevrés depuis peu, soit de la naissance au cinquième mois environ, sont rarement attaqués par la maladie dans les étables ou les pâturages.

Quelle est la cause de cette immunité? Est-ce un legs héréditaire, transmis par une mère jouissant elle-même de l'immunité? Est-ce une conséquence du jeune âge, ou, en termes plus précis, le résultat de l'alimentation spéciale et de l'état des tissus et des humeurs organiques pendant cette période de la vie?

L'expérimentation nous a appris que les deux causes sont agissantes. Quand nous parlerons des moyens de conférer l'immunité et des résultats acquis, nous mettrons la première en évidence.

La seconde doit aussi être invoquée, indépendamment de toute immunité ancestrale.

Pour nous en assurer, nous nous sommes adressés à des sujets de provenances les plus diverses, originaires de différentes localités de la France, de la Suisse et de l'Italie.

Nos expériences sur ce point spécial ont porté sur un total de dix-sept veaux, âgés de six jours à trois mois environ et appartenant aux races ou variétés charolaise, bressane, femeline, auvergnate, de Schwitz et piémontaise. Elles nous ont appris qu'on peut impunément pousser dans les muscles d'un veau 1, 2, 3, 4, 5 et 6 gouttes de virus frais, ·

extrêmement actif, comme le prouvait la mort de sujets
témoins, choisis dans d'autres conditions d'âge ou d'espèce.
Ces mêmes quantités inoculées à des bovidés plus âgés et
souvent dix fois plus lourds les tuent dans la proportion
de 90 p. 100. Parfois ces inoculations n'ont aucun effet
appréciable ; d'autres fois une légère boiterie, une élévation de température variant de 0°,2 à 1° en furent les conséquences. Ceci nous est déjà une indication que le défaut
de réceptivité des veaux n'est pas absolu ; effectivement, si
l'on dépasse les quantités indiquées, on peut arriver à produire une tumeur mortelle.

Dans nos expériences, nous avons vu qu'avec 7 à 8 gouttes
de virus, on peut tuer les veaux de leur naissance au quinzième jour environ ; il en faut de 10 à 20 gouttes pour les
sujets de quinze jours à trois mois.

Nous avons démontré d'une autre manière la faible réceptivité de ces petits animaux. Le virus naturel — nous déve-
lopperons ceci plus loin — introduit dans les veines et le
virus atténué déposé sous la peau des bœufs, leur communiquent une maladie légère, ébauchée, mais suffisante pour
les mettre à l'abri des atteintes ultérieures du charbon. Or
l'inoculation préventive des veaux par l'une ou l'autre méthode ne les vaccine pas. Voici deux des expériences faites
à ce propos :

Le 4 *août* 1882, un veau de cinquante-deux jours reçoit 4 gouttes
de virus frais dilué dans 40 gouttes d'eau qu'on insère dans le tissu
cellulaire de la queue. Ni le lendemain ni les jours suivants, ce petit
sujet ne présente d'élévation de température, de tristesse et d'inappétence.

Le 11 *mars* 1883, ce même veau, alors âgé de neuf mois, reçoit
5 gouttes de virus à la fesse, afin de se rendre compte s'il possède ou
non l'immunité. Il succombe vingt-quatre heures après, en présentant
une tumeur charbonneuse énorme.

Le 8 *septembre* 1882, on pratique une injection intraveineuse de

4 gouttes de virus frais dans la jugulaire d'une vêle de trente-quatre
jours. Le lendemain et jours suivants rien d'appréciable ni d'anormal,
la température vespérale s'est constamment maintenue à 39°1, et la
température matutinale à 38°9.

On éprouve cette bête le 15 *mars* 1883, alors qu'elle est âgée de
sept mois et huit jours, en lui poussant 5 gouttes de virus dans la
cuisse ; comme la précédente, elle meurt dans les vingt-quatre heures
en présentant une belle tumeur.

Les inoculations pratiquées sur les veaux de lait n'ont
donc généralement pas d'action préventive, ce que, d'ailleurs, nous avions déjà remarqué en examinant les résultats des vaccinations faites par nous dans les campagnes.
Nous tirerons plus loin les conséquences de cette constatation, au point de vue de la pratique des vaccinations.

Mais cette faible réceptivité pour le virus bactérien que
nous constatons sur nos veaux d'expérience est-elle bien
le résultat de l'âge ? Ne peut-elle point être attribuée à l'individualité des sujets, et le hasard n'a-t-il point fait que
nous soyons précisément tombés sur des réfractaires ?
L'observation clinique, d'une part, et le nombre de nos
sujets d'expérience, d'autre part, repoussent déjà cette supposition. L'expérimentation nous en a également démontré
le peu de fondement :

Le 22 juin 1882, un très beau veau fribourgeois, âgé de vingt jours
et pesant 70 kilos, reçoit 6 gouttes de virus frais dans la cuisse. Aucun
effet ; sa température reste le lendemain et le surlendemain à 39°3,
c'est-à-dire ce qu'elle était au moment de l'inoculation. Le 25, on lui
pousse 10 nouvelles gouttes de virus dans l'autre cuisse, et toujours
sans résultat. Il va de soi qu'on s'est assuré de l'activité du virus employé par des inoculations de contrôle.

Le 14 janvier 1883, ce bouvillon, alors âgé de sept mois et douze
jours, reçoit 6 gouttes de virus frais dans la cuisse ; il succombe à la
trentième heure au charbon bactérien en présentant une tumeur
énorme au membre inoculé.

Nous nous croyons donc autorisés à conclure que, dans

l'espèce bovine, une immunité relative vis-à-vis du charbon symptomatique est l'apanage du jeune âge. Il nous semble probable que le régime animal auquel est soumis le veau à la mamelle et pendant le sevrage, lorsqu'il se nourrit aux dépens de sa propre substance, intervient pour une large part dans ces résultats, puisque l'immunité diminue et disparaît à mesure que les jeunes bovidés deviennent franchement herbivores.

Nous en trouvons la confirmation dans un fait signalé par M. Champrenault, de Vitteaux (Côte-d'Or).

Le charbon symptomatique a tué, chez un propriétaire de cette localité, plusieurs veaux âgés de trois à quatre mois et qui, bien que non sevrés, vivaient avec leurs mères au pâturage.

Ces conclusions ne s'appliquent qu'aux veaux et nullement aux jeunes cobayes dont la susceptibilité nous a paru très grande dans l'extrême jeunesse. D'ailleurs, on sait que le jeune cobaye est très rapidement herbivore.

Est-il nécessaire de rappeler ici que si le jeune âge est par lui-même une cause prédisposante pour bon nombre de maladies virulentes ou parasitaires, il est, au contraire, une cause d'immunité pour quelques affections ? La fièvre typhoïde s'attaque rarement aux enfants, et quand la maladie se présente, elle est bénigne.

La péripneumonie contagieuse des bêtes bovines paraît présenter quelque chose d'analogue à ce que nous avons constaté pour le charbon. M. Willems, l'auteur du procédé d'inoculation préventive de la péripneumonie, dit, en effet, dans le premier Mémoire qu'il publia : « Le virus inoculé à plusieurs veaux depuis l'âge de quelques jours jusqu'à celui de six mois n'a pas occasionné des phénomènes morbides apparents. Quelle en est la cause ? Je l'ignore. Parmi ces veaux, il y en a auxquels j'ai inoculé le virus jusqu'à trois fois (1). » Il est vrai que dans une lettre adressée plus tard au *Moniteur agricole*, M. Willems recommande d'inoculer préventivement les jeunes animaux de préférence aux adultes. Mais il ne spécifie point si, par jeunes, il entend les animaux âgés de plus ou de moins de six mois, et dans la dernière hypothèse, il ne fait pas connaître les motifs qui auraient pu le pousser à abandonner l'opinion qu'il avait émise antérieurement.

Si, de la naissance au cinquième mois, les jeunes sujets de l'espèce bovine sont peu exposés aux atteintes du charbon bactérien, il en est de même des individus âgés de plus de quatre ans, élevés dans des régions où règne constamment la maladie.

Dans le Bassigny, où l'affection est très commune, cette particularité n'a point échappé aux propriétaires : ils estiment même que, passé l'âge de quatre ou cinq ans, les bœufs sont peu ou point exposés à contracter le charbon symptomatique. L'un de nous est en mesure d'affirmer que cette conviction repose sur un fait réel, car pendant plus de dix-huit ans qu'il exerça la médecine vétérinaire à Dammartin (Haute-Marne), il n'a jamais vu le charbon atteindre un animal adulte né et élevé dans le pays.

Cette immunité est non moins remarquable que celle des jeunes veaux et méritait que nous l'examinions à son tour. Serait-ce également un privilège de l'âge, un effet des modifications que l'organisme a subies lorsqu'il est parvenu à l'état adulte ?

Cette hypothèse, vraisemblable pour quelques maladies, particulièrement pour les affections épizoïques, ne peut guère être acceptée pour le charbon bactérien, parce que

---

(1) Mémoire sur la pleuro-pneumonie épizootique du gros bétail, adressé à M. le Ministre de l'intérieur de Belgique, in *Recueil de médecine vétérinaire*, 1852, p. 400 et suiv.

Art. Com. et Th. — *Charbon symptomatique.*   7

le privilège en question n'appartient ici qu'aux adultes élevés dans les localités à charbon. En Algérie, où les animaux sont conduits des plateaux au littoral méditerranéen, séjournant fort peu de temps chez les divers propriétaires, le charbon bactérien fait des victimes de tout âge. Dans le Bassigny même, un cas de charbon s'est présenté le 26 novembre 1878 sur une vache de six ans; mais une enquête a appris que cette bête avait été récemment importée de Collonges, canton de Mirebeau (Côte-d'Or), où la maladie est très rare, sinon inconnue.

Dans la commune d'Avoudrey (Doubs), ravagée depuis longtemps par le charbon bactérien et où nous avons été invités à venir pratiquer des vaccinations en 1883, M. Boillin, propriétaire et maire dans cette localité, nous a affirmé que depuis dix-huit ans qu'il suivait la maladie dans la commune où elle fait périr annuellement environ 5 p. 100 du jeune bétail, il n'avait vu que trois victimes parmi les bêtes âgées de plus de cinq ans, et il a ajouté que ces trois animaux n'étaient point nés à Avoudrey, mais avaient été introduits depuis peu.

Étant donné que l'immunité n'est acquise qu'aux adultes élevés dans les milieux infectés, il nous paraissait logique d'abandonner la précédente hypothèse et d'assimiler cette immunité à celle que l'on peut donner artificiellement par l'inoculation d'une dose infinitésimale d'agents infectieux. Autrement dit, nous supposons que la plupart des jeunes animaux qui vivent dans un milieu infecté s'inoculent spontanément avec des doses très diverses de virus; ceux qui s'inoculent une dose forte contractent une maladie mortelle, tandis que ceux qui s'inoculent une dose minime prennent une maladie bénigne, avortée, suffisante toutefois pour leur conférer une immunité d'abord légère, mais susceptible d'être renforcée par des inoculations ultérieures, si bien que lorsqu'ils sont arrivés à l'âge adulte, après avoir traversé mille dangers, ils possèdent une immunité plus ou moins grande, proportionnelle à l'imprégnation virulente qu'ils auront éprouvée.

Pour soumettre cette interprétation au contrôle de l'expérimentation directe, nous nous sommes procuré les animaux suivants :

1° Une vache âgée de dix ans appartenant à M. Cornuel, propriétaire à Avrecourt (Haute-Marne) qui, en quatorze ans, perdit treize jeunes bêtes du charbon symptomatique ;

2° Une seconde vache âgée de neuf ans, née et élevée dans une étable véritablement *maudite*, celle de M. Michaut, propriétaire à Meuse (Haute-Marne);

3° Une autre vache âgée de neuf ans que nous allâmes chercher à 4 kilomètres de Gray (Haute-Saône), dans la ferme de Chamois, où le charbon symptomatique ne s'est pas montré depuis au moins dix-huit ans.

Ces trois animaux furent inoculés au mois de juillet 1882 dans le tissu cellulaire avec la même dose de virus extrait d'une tumeur charbonneuse.

Conformément à nos prévisions, les deux animaux adultes choisis dans les étables maudites sortirent de l'épreuve sains et saufs, tandis que la vache de Gray succomba cinquante et une heures après l'inoculation avec tous les signes du charbon bactérien.

Les vaches Michaut et Cornuel furent inoculées une seconde fois en septembre comparativement avec un jeune bouvillon de six mois, elles supportèrent bien cette deuxième épreuve, au contraire le bouvillon mourut.

Nous croyons qu'en rapprochant le résultat de ces expériences des faits que les praticiens recueillent chaque jour, on peut conclure que l'immunité dont il est question dans cette note se rattache à des inoculations ou vaccinations spontanées. Il n'est même pas nécessaire, on le conçoit, que les animaux parviennent jusqu'à l'âge adulte pour acquérir les conditions de résistance au fléau ; nous avons rencontré dans le Bassigny des sujets déjà réfractaires à l'âge de deux ans et demi.

Il nous semble que notre conclusion sur la nature de la résistance des adultes à l'infection charbonneuse présente un grand intérêt au point de vue de la médecine générale. On comprend que nous voulons parler de l'immunité relative dont jouissent un grand nombre d'individus, adultes ou âgés, ou certains groupes d'individus, ou même certaines peuplades, journellement exposées aux causes d'infection au milieu de foyers épidémiques ou endémiques, immunité dont on voit tant d'exemples.

C. — Les insuccès peuvent être le résultat de l'emploi d'une humeur de l'économie dépourvue de virulence ou contenant les agents de la contagion en si petite quantité que quelques gouttes cessent d'être nocives pour devenir vaccinales. L'examen microscopique et l'inoculation des principaux produits organiques nous ont donné les résultats suivants :

Bile. — Le plus riche en bactéries spécifiques des liquides de l'organisme. — Elles y sont remarquables par leurs grandes dimensions et la rapidité de leurs mouvements. Il y en a peu de nucléées. L'inoculation de quelques gouttes de bile provenant d'un sujet qui a succombé au charbon a reproduit invariablement la maladie et tué en moins de vingt-quatre heures.

Humeurs aqueuse et vitrée. — Très peu virulentes; se sont montrées inactives ou ont conféré l'immunité, comme il sera dit au chapitre de la vaccination, par suite de l'extrême dilution du virus dans les liquides de l'œil.

Urine. — Extraite de la vessie d'une victime du charbon avec les précautions nécessaires pour éviter toute contamination et quelques instants après la mort, l'urine inoculée n'a jamais, dans aucun de nos essais, communiqué le charbon ni conféré l'immunité. Que la tumeur ait siégé à la cuisse ou à l'épaule, le résultat a été toujours été le même. Nous en concluons donc que, dans les cas observés par nous, le filtre rénal s'est opposé au passage de l'agent virulent. En est-il toujours de même ? Il est possible que lorsque la tumeur siège sur les lombes et attaque les psoas, le rein soit envahi par le microbe et que l'agent virulent passe dans l'urine ; mais nous ne nous sommes jamais trouvés en présence de cas semblables.

Liquide amniotique. — Très riche en bactéries chez la brebis, très virulent ; son inoculation a invariablement tué. Ce fait est à rapprocher du passage du microbe de la mère au fœtus, dont nous parlerons plus loin.

Sérosité. — La sérosité des œdèmes qui entourent les tumeurs charbonneuses, celle du péritoine et du thorax ont un degré de virulence variable. Souvent elles sont pauvres en microbes et peu actives : parfois elles ont tué assez rapidement.

Sang. — Ce n'est qu'au dernier période de la maladie que le sang devient virulent et inoculable. Au début, il se montre inactif et cette circonstance a failli nous égarer lors de nos premières recherches ; mais la transfusion opérée quatre heures avant la mort a communiqué une tumeur symptomatique au sujet qui a reçu le sang. On verra ultérieurement comment l'agent de la virulence se comporte quand il est introduit dans le torrent circulatoire.

Pulpe musculaire. — Le produit le plus sûr pour les inoculations est celui que l'on obtient par raclage ou trituration des infarctus musculaires. Pour préparer un excellent liquide d'inoculation, nous prenons une certaine quantité des tissus les plus noirs de la tumeur, nous la divisons en fragments très petits et nous l'arrosons avec la moitié de son poids d'eau ; nous triturons le tout dans un mortier, puis nous exprimons dans un sachet de toile forte ;

le produit est filtré de nouveau à travers quatre ou six doubles de toile batiste très fine, préalablement mouillée ; le liquide sanguinolent que l'on obtient ne contient aucune particule embolique et peut être inoculé par toutes les voies, y compris la voie veineuse.

D. — La quantité de matière infectieuse nécessaire pour produire une inoculation positive, variable suivant l'activité de cette matière, doit être, dans tous les cas, relativement assez grande.

Souvent, nous avons tenté de communiquer le charbon symptomatique à des animaux qui y sont très sensibles par des inoculations à la lancette. Nous avions longtemps échoué, lorsque M. Chauveau nous a rendus témoins d'un cas d'infection générale obtenue sur le cochon d'Inde par ce procédé. L'inoculation avait été faite par trois piqûres à l'oreille, à l'aide d'un scalpel chargé de la pulpe d'un ganglion lymphatique du pli de l'aine d'un mouton qui venait de succomber à une tumeur développée sur l'un des membres abdominaux. Nous avons répété ces inoculations avec des produits infectieux pris dans plusieurs organes ; jusqu'à présent, elles n'ont été fructueuses que dans un petit nombre de cas et lorsqu'elles étaient faites avec la pulpe des ganglions malades.

Il est nécessaire de poursuivre ces expériences, afin de déterminer les conditions dans lesquelles les produits virulents du charbon symptomatique ont assez d'activité pour infecter après une simple inoculation à la lancette. Toutefois, au point où elles en sont, elles prouvent que, dans la plupart des cas, si l'on veut réussir à inoculer le charbon symptomatique, il faut insérer dans les tissus une quantité de virus plus considérable que celle que l'on introduit avec la lancette qui, pourtant, est suffisante pour transmettre la plupart des maladies virulentes. On verra plus loin quel parti nous avons tiré des inoculations à petites doses ou avec des liquides dilués pour la pratique des vaccinations.

E. — Lorsque, dans une contrée où le gros bétail est décimé par le charbon bactérien, on note avec précision sur chaque malade le lieu d'apparition des tumeurs (voir le tableau de la page 53), on constate que jamais elles ne se montrent à l'extrémité inférieure des membres (à partir du genou ou du jarret) non plus qu'à la queue, bien que ces parties du corps, en raison de leur situation, soient les plus exposées à recevoir directement le virus par blessure ou piqûre. La queue, en particulier, est fréquemment déchirée par les chiens, qui s'acharnent après elle.

Cette observation nous a engagés à rechercher expérimentalement ce qui se passe dans le cas d'insertion directe du virus dans ces parties, puisqu'il ne pullule pas sur place, s'il est détruit ou s'il est entraîné, totalement ou partiellement, dans le reste de l'organisme pour y proliférer.

Nous avons choisi la queue pour suivre cette expérience.

En raison de la densité du derme et du tissu conjonctif et de la difficulté d'y faire pénétrer facilement le produit inoculable, nous avons pris le soin de creuser, à l'aide d'un fin trocart, un petit canal sous-cutané dans lequel nous avons injecté la matière virulente. Nos inoculations ont été faites à diverses hauteurs, depuis l'extrémité de l'organe jusqu'à sa base, en espaçant les points d'insertion de 10 centimètres en 10 centimètres.

Si l'on injecte 1, 2, 4, 6 et 7 gouttes de virus au bout de la queue, on ne remarque ni travail local ni mouvement fébrile.

L'expérience suivante, choisie parmi d'autres, montrera qu'il s'agit bien d'un défaut de réceptivité de l'organe et non du sujet d'expérience.

Le 9 mars 1883, on insère 4 gouttes de virus frais à l'extrémité de la queue d'un bouvillon âgé de sept mois. Aucun effet, ni local ni général. La semaine suivante, le 16 mars, on introduit dans la cuisse de ce même sujet la même quantité de virus. Il meurt en trente heures avec une belle tumeur au point d'inoculation.

Mais cette immunité locale n'est point absolue : si l'on dépasse les quantités qui viennent d'être indiquées ; si l'on inocule, par exemple, dix gouttes de virus, une élévation de température de quelques dixièmes de degré en sera la conséquence, élévation qui pourra aller à 1 degré et au delà si l'on augmente la dose ou si l'on tombe sur des animaux extrêmement sensibles. Nous avons pu inoculer impunément jusqu'à 2 grammes de virus frais à l'extrémité de la queue ; dans ce cas nous avons provoqué une sorte d'engorgement exsudatif au point inoculé et un mouvement fébrile très accusé ; la température rectale est montée à 40°9, de 39°6 qu'elle était au moment de l'inoculation ; il y a eu pendant quarante-huit heures de la tristesse, de l'inappétence, puis tout est rentré dans l'ordre et le bénéfice de l'immunité a été acquis à la génisse d'expérience.

Il ne nous semble guère douteux que si nous avions dépassé cette dose ou si nous étions tombés sur des animaux doués d'une très grande réceptivité, comme nous en avons rencontrés parfois, nous n'eussions causé la mort.

A 10 centimètres au-dessus du toupillon, la réceptivité nous a paru la même qu'à l'extrémité, c'est-à-dire peu considérable. A 20 centimètres, elle est déjà devenue plus grande et toutes choses restant égales, une inoculation en cette région peut, exceptionnellement à la vérité, amener la mort. Il est fort intéressant alors de suivre le processus de la maladie et d'examiner les lésions. Le cas suivant en donnera une bonne idée :

Le 15 mai 1883, une métisse hollandaise est inoculée à 20 centimètres de l'extrémité de la queue. Température rectale, au moment de l'inoculation, 39°6. Le lendemain, température, 40°8, appétit conservé ; le surlendemain 17, T., 40°9. L'animal a mangé sa ration et bu comme d'habitude. Le 18, il refuse de se lever et ne touche pas à sa ration : T., 41°9. En explorant avec soin les diverses régions, on constate l'existence d'une tumeur crépitante siégeant sur l'ilio-spinal, dans sa portion dorsale. Mort le 19, quatre jours après l'inoculation. L'autopsie nous montre dans la région indiquée une tumeur formée par des muscles d'un noir intense et des gaz assez abondants, mais cette tumeur est bien délimitée, et un examen attentif ne permet pas de voir de traînées inflammatoires ou de lésions quelconques la rattachant au point d'inoculation ; les régions sacrée, coccygienne et la queue dans toute son étendue aussi bien qu'au lieu inoculé, n'offrent rien d'anormal. Il s'agit donc bien d'une tumeur symptomatique ; le virus entraîné par la circulation lymphatique ou sanguine est allé proliférer dans la région dorsale et y produire une tumeur mortelle.

Au fur et à mesure qu'on monte vers la base de la queue, les chances d'infection générale et de production de tumeurs symptomatiques augmentent ; nous estimons cependant que, relativement à ce qui se passe quand le virus est introduit dans la cuisse ou l'encolure, la réceptivité est encore environ moitié moins développée.

De ce qui vient d'être exposé, il résulte : 1° que la queue n'a qu'une faible réceptivité pour le virus bactérien ; 2° que cette réceptivité augmente à mesure qu'on monte vers la base de l'organe ; 3° que le virus ne se développe pas sur place et ne produit pas de tumeurs caudales, mais seulement des tumeurs symptomatiques.

Il fallait chercher la cause de pareils résultats, qui, du reste, ne sont pas spéciaux au virus bactérien, puisque la péripneumonie, qui a d'ailleurs d'autres points de ressemblance avec le charbon symptomatique, offre la même particularité.

Deux hypothèses se présentaient à l'esprit. Les microbes ne déterminent pas d'accidents locaux dans la région caudale,

et ne produisent que des phénomènes généraux lents et peu
accusés, soit parce que les tissus cellulaire et musculaire de
cette région sont trop peu développés et trop condensés, soit
parce que l'extrémité de l'organe tout entier, fortement
détachée du reste du corps, est à une température peu
compatible avec l'évolution du virus sur place.

L'expérimentation seule pouvait nous apprendre si ces deux
hypothèses ou l'une d'elles étaient fondées.

Le 27 juin 1883, on prend une génisse femeline âgée de trois ans
et demi, dont la température rectale est de 39°6. Le thermomètre,
appliqué sur l'extrémité de la queue et laissé vingt minutes en place,
marque 29°8 alors que la température de l'écurie est de 20°1.

Les poils du toupillon sont alors coupés, on creuse à l'aide du trocart deux galeries dans cette partie terminale, on y pousse 15 gouttes
de virus frais dont l'activité a été essayée ; on lute au collodion, puis
on enveloppe soigneusement la queue depuis sa terminaison jusqu'à
son quart supérieur avec du coton maintenu par de la toile imper-
méable recouverte d'étoupes. La température de la queue ainsi enveloppée monte à 36°8.

Le 28 juin, la température rectale est à 40°. L'appétit et la rumination sont conservés. La queue est déjà douloureuse dans la partie
enveloppée.

Le 29, la température est à 40°7 ; diminution de l'appétit, conservation de la rumination.

Le 30, température rectale à 41°2 ; appétit peu prononcé, mais per-
sistance de la rumination. La queue est toujours fort douloureuse au
toucher.

Le 1ᵉʳ juillet, la température est à 40°, l'appétit revient. Le 2 juillet,
le thermomètre placé dans l'anus accuse 40°6 seulement, la bête mange
et rumine comme avant l'inoculation. On enlève ce jour le pansement
enveloppant et l'on constate que, sur une longueur de 0ᵐ,20 à partir
de l'extrémité terminale, la queue est tuméfiée, crépitante, insensible.
On en sectionne l'extrémité et l'examen microscopique de la sérosité
qui s'en écoule y dévoile la présence de très nombreux microbes spécifiques en bâtonnets, nucléés à une extrémité et fort mobiles. Au delà
de la partie mortifiée, qui se détache spontanément du reste de l'organe, le huitième jour après l'enlèvement du pansement, la queue est
douloureuse et légèrement œdématiée.

Pour s'assurer que la partie mortifiée de la queue avait bien été envahie par le microbe du charbon et non par celui d'une septicémie, nous inoculons 15 gouttes de liquide extrait de la portion malade à un cobaye, à un rat blanc et à un chien, soit 5 gouttes à chaque sujet. Le cobaye meurt à la vingt-quatrième heure avec une tumeur charbonneuse, le chien et le rat blanc ne présentent que des phénomènes insignifiants.

Ainsi l'enveloppement et l'élévation de température qui en a été la suite ont amené une pullulation sur place du microbe, la formation d'une tumeur locale, mais cette tumeur, forcée d'évoluer dans un tissu conjonctif trop dense et trop peu abondant, est restée cantonnée à l'extrémité de la queue ; elle n'a pas gagné le reste de l'organe ; elle n'est pas devenue cause de mort. Quand elle fut en état de fournir assez de microbes pour aller causer au loin des tumeurs mortelles, la bête était déjà douée de l'immunité par la fièvre des premiers jours, comme nous avons eu le soin de nous en assurer par une inoculation d'épreuve.

Ainsi les deux causes entrevues *à priori*, température basse et tissu conjonctif dense, serré et peu abondant, concourent à enlever à la queue sa réceptivité pour le virus bactérien.

Au surplus, nous avons cherché à faire sur le mouton la contre-épreuve de l'expérience réalisée sur la vache.

Chez les moutons du pays, la peau de la queue repose sur du tissu conjonctif lâche qui lui permet de glisser assez facilement sur le cône formée par les os et par les muscles coccygiens. Sous ce rapport, la queue du mouton diffère profondément de celle du bœuf. Or, en refroidissant l'appendice caudal du mouton, après avoir déposé à son extrémité libre 5 gouttes de virus bactérien, nous avons empêché le développement d'un accident local, tandis que nous avons obtenu une belle tumeur symptomatique.

Les régions les plus favorables au développement des phénomènes locaux du charbon bactérien sont donc celles chez lesquelles le tissu conjonctif est abondant et lâche, et la température aussi rapprochée que possible de la température centrale.

En résumé, l'expérience nous a appris que pour inoculer le charbon symptomatique avec *certitude*, il faut faire choix de l'un des animaux doués de réceptivité que nous avons signalés, recueillir la matière infectieuse dans la tumeur, et l'introduire en quantité suffisante, par injection, dans le tissu conjonctif sous-cutané et intra-musculaire, et dans les veines.

§ II

Effets immédiats de l'inoculation.

Ils diffèrent suivant la voie choisie pour faire pénétrer la matière infectieuse dans l'organisme et, dans quelques cas, suivant la dose employée.

A. — L'*inoculation à la lancette* ne produit pas d'accidents locaux. Une gouttelette de sang se coagule sur la piqûre ; une inflammation consécutive légère détermine l'apparition d'une étroite aréole rouge autour de la plaie ; mais quand l'inoculation est faite à l'oreille du cochon d'Inde, aucun gonflement ganglionnaire pré-auriculaire, aucun œdème ne traduit la gravité de la maladie qui attend peut-être l'animal, si l'inoculation est fructueuse. Dans ce cas, le sujet conserve sa gaieté pendant trente à trente-six heures, puis il devient triste, se pelotonne sur lui-même, son poil se hérisse, finalement l'animal meurt au bout de trois jours environ. A l'autopsie, on est tout surpris de trouver des infarctus dans des masses musculaires éloignées du lieu d'inoculation, le dos, les épaules, les cuisses. Les ganglions lymphatiques voisins des infarctus sont rouges et tuméfiés.

Sur le mouton, on observe parfois de légers accidents locaux, comme en témoigne l'expérience suivante, que nous transcrivons *in extenso*:

23 *décembre* 1880. — On écrase quelques ganglions lymphatiques pris sur le cadavre d'un cochon d'Inde mort des suites d'une inoculation à la lancette ; avec leur pulpe, on charge six piqûres faites à l'oreille gauche d'un mouton auvergnat.

Le 24, l'animal n'a pas son entrain habituel; il reste couché pendant notre visite. L'oreille inoculée et la région circonvoisine sont chaudes et peut-être légèrement épaissies ; les plaies d'inoculation se cicatrisent.

25 *décembre*. — Le mouton meurt à neuf heures du matin. La peau présente au niveau des deux ars et de la face interne de la cuisse gauche une teinte rosée qui dénote dans ces points la présence d'une tumeur et d'un œdème sanguinolent. L'*oreille* est à peine œdématiée : de toutes petites croûtes couvrent la surface des piqûres.

AUTOPSIE. — Elle est faite quatre heures après la mort. La peau étant enlevée, on voit une tumeur sur les deux épaules; elle s'étend, à droite et à gauche, aux muscles pectoraux ; une troisième tumeur existe dans la cuisse gauche (côté de l'inoculation) ; œdème sanguinolent et infiltration gazeuse dans les points correspondants. Les ganglions lymphatiques pré-auriculaires, sous-maxillaires et rétro-pharyngiens paraissent légèrement malades; ceux du côté gauche plus que ceux du côté droit. Les deux ganglions pré-scapulaires et le ganglion inguinal gauche sont fortement gonflés et infiltrés. Le corps thyroïde a pris une coloration rouge noirâtre intense.

A l'ouverture de l'abdomen, on trouve sur le mésentère et à la surface du foie la trace d'une violente péritonite. Les ganglions mésentériques sont vivement congestionnés. Le feuillet, la caillette, le cœcum, l'origine du côlon et surtout l'intestin présentent les lésions de l'inflammation. La rate possède son volume normal ; son tissu est très friable. Dans la poitrine, les poumons sont engoués ; traces de pleurite à gauche ; ganglions médiastinaux et bronchiques très malades.

Cœur rempli de caillots; les gaz envahissent les cavités de cet organe et la veine cave postérieure.

Dans toutes les lésions, on rencontre, en plus ou moins grande abondance, les microbes caractéristiques que nous avons décrits au chapitre III.

Cette expérience nous offre un très bon exemple de l'infection générale qui peut suivre certaines inoculations à la lancette. En outre, elle démontre que l'on obtient ce résultat sans déterminer des accidents manifestes aux points d'inoculations. Les accidents locaux ne sont donc pas indispensables à la production de l'infection générale.

B. — L'inoculation par *injection dans le tissu conjonctif sous-cutané ou intra-musculaire* est suivie d'effets différents, suivant que les produits infectieux sont injectés à forte dose, à dose moyenne ou à dose infinitésimale.

1° Si l'on pousse dans le tissu cellulaire sous-cutané ou intra-musculaire un peu de sang ou de pulpe musculaire infectieuse (de 1 goutte à 1 c. c.), on obtient des accidents formidables et toujours mortels sur les animaux doués d'une grande réceptivité.

Les accidents ont une physionomie particulière dans les deux cas. Quand la matière infectieuse est poussée dans le tissu cellulaire sous-cutané, les accidents se déroulent surtout dans le tissu conjonctif et les ganglions lymphatiques, ils empiètent peu sur les muscles. Ils débutent par un œdème chaud qui fait de rapides progrès. Si l'on a choisi l'oreille comme lieu d'inoculation, cet organe devient très volumineux, pendant, douloureux ; l'œdème gagne l'espace intra-maxillaire, la gouttière de la jugulaire correspondante, la face inférieure de la poitrine et le membre. Il devient légèrement crépitant dans certains points, notamment au poitrail et à la pointe de l'épaule.

Quand le virus est déposé dans le muscle, toute la région musculaire se gonfle, un œdème se montre dans les parties déclives avoisinantes, des gaz se développent en abondance, dissociant les muscles et leurs faisceaux charnus ; bref, la maladie ressemble à celle que nous avons décrite dans la symptomatologie de l'infection naturelle. Quelquefois une ou plusieurs tumeurs apparaissent dans le système musculaire sans que l'on puisse saisir de relation entre elles et la tumeur qui s'est formée autour du point inoculé.

2° Si l'inoculation est faite avec une dose moyenne (1/10 de goutte d'une pulpe musculaire très active), les accidents locaux sont nuls ou peu marqués ; mais, au moment où l'on suppose que l'animal est hors d'affaire, apparaît une tumeur plus ou moins éloignée du point d'inoculation, laquelle évolue comme la tumeur déterminée par l'inoculation d'une forte dose et, conséquemment, entraîne la mort de l'animal.

Parmi les expériences que nous avons faites à ce sujet, nous relevons les deux suivantes :

Le 20 *décembre* 1880. — Un mouton reçoit 1/8 de goutte de suc musculaire associé à 1 centimètre cube d'eau dans le tissu conjonctif sous-cutané de la face interne d'une cuisse.

21 *décembre*. — L'animal boite ; le jarret du membre inoculé est assez net, mais le métatarse et la région phalangienne sont fortement œdémateux.

22 *décembre*. — Des phlyctènes remplies de sérosité sanguinolente se développent autour de l'inoculation ; néanmoins, le gonflement du membre ne fait pas de progrès.

23, 24 *décembre*. — L'œdème de l'extrémité diminue. On croit que ce mouton est appelé à se rétablir.

25 *décembre*. — L'état général devient grave ; le sujet meurt dans la nuit du 25 au 26.

AUTOPSIE. — Pas d'infarctus dans la cuisse inoculée. En examinant les différentes masses musculaires, on trouve des infarctus dans le grand dentelé de l'épaule, à droite et à gauche et dans le scalène droit. Les ganglions de l'entrée de la poitrine et pré-scapulaires sont malades. A leur intérieur et dans les infarctus musculaires, existent des microcoques et des bactéries.

2 *février* 1881. — On injecte sous la peau de la queue d'un mouton, près de l'extrémité libre, 4 gouttes d'eau contenant 1/10 de goutte de pulpe musculaire préparée comme nous l'avons dit plus haut.

Le 2, dans la soirée. Temp. rectale = 40°7.
Le 3, matin. — = 40°4.
Le 4, — — — 41°9.

La queue est un peu chaude au point inoculé ; mais elle ne présente pas de gonflement ; néanmoins, dans la soirée, une tumeur charbonneuse apparaît dans la cuisse droite.

5 *février*, matin. — Temp. rectale = 41°3.

Dans la journée, la tumeur fait des progrès ; le sujet est essoufflé ; signes de coliques, fèces sanguinolentes ; la température s'abaisse successivement à 40°6 et 38°6 ; mort à sept heures du soir, c'est-à-dire soixante-quinze heures après l'inoculation.

AUTOPSIE. — Tumeur caractéristique dans les muscles de la cuisse droite, se prolongeant autour de l'anus. Le tissu conjonctif sous-cutané compris entre la tumeur et le point inoculé est normal. Lésions du glossanthrax, du coryza, de l'entérite. Foie ramolli et très riche en microbes très volumineux. Le cerveau est presque exsangue.

Les effets de l'inoculation avec des doses moyennes ressemblent donc beaucoup à ceux de l'inoculation à la lancette quand elle est fructueuse. Ils sont surtout remarquables par l'apparition tardive des lésions musculaires et par la distance souvent très grande qui sépare ces dernières du lieu où la matière infectieuse fut introduite.

3° Lorsqu'on introduit dans le tissu cellulaire une très petite dose de virus ou du virus peu actif, tantôt on n'obtient aucun effet, tantôt on produit une maladie légère qui se borne à quelques symptômes généraux : tristesse, diminution de l'appétit, élévation de la température.

Beaucoup d'affections traduisent leur existence par des troubles analogues ; aussi pouvait-on se demander si ces inoculations à dose infinitésimale avaient réellement donné le charbon bactérien sans tumeur, c'est-à-dire sans l'accident dont l'apparition est presque toujours le signal d'une terminaison funeste. Mais, sous ce rapport, il n'y a pas de doutes à conserver, car, si l'on tente d'infecter de nouveau ces sujets après leur retour à la santé, on échoue à peu près constamment. Or, on sait qu'en général la même maladie virulente ne frappe pas deux fois le même sujet dans un court laps de temps, et qu'une maladie peut exister et communiquer l'immunité sans offrir le tableau complet de ses symptômes, la vaccine équine, par exemple (M. Chauveau). Par conséquent, nous sommes en droit de conclure que nous avons donné le charbon symptomatique aux animaux qui, après avoir présenté des troubles généraux de la santé, résistent à une ou plusieurs inoculations d'épreuve.

Voici un exemple :

6 *février* 1881. — Un mouton est inoculé dans le tissu cellulaire de la queue avec 1/15 de goutte de suc musculaire contenu dans 4 gouttes d'eau.

Le 7 et le 8, malaise insignifiant; la température s'élève de 4/10 de degré.

Le 10, l'animal est vif, gai ; il mange bien ; le retour à la santé est complet.

11 *février*. — On injecte 1/2 centimètre cube de pulpe musculaire fraîche et très virulente dans la cuisse de ce mouton ; pas d'accidents ni locaux ni généraux, tandis qu'un cochon d'Inde inoculé simultanément avec le même liquide meurt en trente heures.

Nous avons obtenu plusieurs résultats analogues sur le cochon d'Inde en employant le suc musculaire ou le sang. Ces résultats seront examinés à nouveau lorsque nous étudierons les moyens de conférer artificiellement l'immunité contre le charbon bactérien.

Parfois aussi on peut se trouver en présence de susceptibilités individuelles toutes particulières, dont la condition échappe jusqu'à présent au biologiste et qu'on ne peut soupçonner. L'inoculation de très petites doses de virus ou de virus très atténué à des sujets doués de cette réceptivité extraordinaire peut amener un charbon complet avec terminaison fatale. Tous ceux qui ont pratiqué des inoculations sur un très grand nombre d'animaux ont rencontré de ces cas. Du reste, nous y reviendrons lorsque nous nous occuperons des inoculations préventives.

C. — Quand le virus est déposé directement dans le *système veineux*, il n'entraîne le plus souvent qu'une maladie avortée, sans tumeur. Les inoculés présentent des frissons, de la tristesse, de l'inappétence et de la fièvre ; leur température monte quelquefois de 1°,9 au-dessus de la température normale.

Mais ces symptômes généraux ne durent que deux ou trois jours. Après leur disparition, qui arrive plutôt chez le taurillon et le mouton que chez la chèvre, les sujets se montrent réfractaires aux effets d'inoculations ultérieures.

On obtient ce résultat avec des doses de virus extrêmement variables, relativement très faibles et très élevées. Nous avons injecté dans les veines du mouton et de la génisse 3/10 de goutte, 1, 2, 5 gouttes ; 1/2, 1, 2, 3, 4 et 6 centimètres cubes de suc musculaire filtré, et ces doses très diverses ont donné à nos animaux une maladie bénigne et l'immunité.

On est étonné de la tolérance de l'organisme pour le virus du charbon symptomatique lorsque celui-ci est introduit dans le sang, si l'on songe que la moindre gouttelette versée dans le tissu conjonctif cause des accidents mortels.

Aussi devra-t-on pratiquer les injections intra-veineuses avec une excellente seringue à canule piquante capillaire, dans une veine débarrassée de sa gaine celluleuse, en prenant toutes les précautions nécessaires pour éviter d'inoculer les parois du vaisseau et le tissu conjonctif ambiant.

Nous disions plus haut qu'avec des doses variées mais fortes d'une façon absolue, on donnait un charbon symptomatique qui rétrocédait avant le développement des tumeurs musculaires qui en sont la caractéristique extrême et fatale. Si l'on augmente la dose ou si l'on fait usage d'une matière infectante plus active, ou si l'on tombe sur un animal doué d'une grande susceptibilité pour cette affection, l'inoculation intra-veineuse engendre une maladie mortelle accompagnée de tous les symptômes cliniques.

Voici un exemple de susceptibilité extrême :

Le 26 novembre 1880, on injecte dans la jugulaire de trois animaux de l'espèce bovine (une génisse hollandaise, une génisse schwitz, un taureau breton), 4 centimètres cubes d'un suc préparé comme il a été dit précédemment. L'injection est pratiquée dans d'excellentes conditions sur les trois sujets. Les deux premiers eurent des accidents très bénins ; le troisième, qui pesait deux fois environ autant que les génisses, eut un charbon symptomatique complet.

Le 27, la plaie ne présente pas de gonflement anormal ; néanmoins, le taureau est pris de frissons dans la soirée ; il est triste et refuse les aliments.

Le 28, à huit heures du matin, les caractères du charbon symptomatique sont éclatants : le membre antérieur droit est le siège d'un gonflement œdémateux et crépitant qui s'étend du bord supérieur à la pointe de l'épaule. Rien au cou et au niveau de la plaie. Dans la journée, le gonflement se propage à la moitié gauche du cou (côté opposé à l'injection). Les désordres se prononcent de plus en plus ; l'animal succombe à sept heures du soir.

L'autopsie a confirmé le diagnostic.

D'autres fois, par l'emploi de doses en quelque sorte massives, le malade succombe avant l'apparition de la tumeur comme dans l'expérience suivante :

Le 1ᵉʳ décembre 1880, on injecte dans la jugulaire d'une brebis une grande quantité de sérosité infectante (10 centimètres cubes), avec l'intention de produire un charbon symptomatique complet. L'animal est pris de frissons à la fin de l'injection ; aux tremblements succède la tristesse.

Le 2 décembre, la brebis est profondément abattue ; il n'y a pas de gonflement appréciable autour du point d'inoculation ni ailleurs. La malade meurt à midi. L'autopsie n'a pas révélé de tumeur dans les muscles, mais elle a montré des suffusions sanguines dans l'épiploon, des traces d'une violente péritonite, un léger engouement de la base du poumon gauche, le gonflement et le ramollissement des ganglions prépectoraux et médiastinaux.

En l'absence d'infarctus musculaires, on pourrait douter que la brebis eût succombé au charbon symptomatique. Pour asseoir le diagnostic sur une base sérieuse, on a inoculé un cochon d'Inde avec la pulpe des ganglions lymphatiques altérés (dans la cuisse droite), et avec le sang du cœur (dans la cuisse gauche).

Cet animal mourait le lendemain avec des lésions caractéristiques dans chaque cuisse. Nous eûmes donc sous les yeux un cas d'infection générale tellement rapide que les lésions musculaires n'eurent pas le temps de se produire.

Enfin voici un exemple d'activité très considérable de la matière virulente :

11 *décembre* 1880. — On injecte dans la jugulaire d'une chèvre 2 centimètres cubes d'une culture qui avait été préparée avec du bouillon de veau et ensemencée avec une goutte de virus. Ce liquide était fort riche en granulations isolées ou géminées, extrêmement mobiles. La chèvre meurt, dans les douze heures qui suivent l'inoculation, d'une véritable infection générale ; son sang inoculé à deux cobayes leur communique à l'un et à l'autre une tumeur charbonneuse caractéristique.

Les effets immédiats et consécutifs des inoculations intra-veineuses sont donc extrêmement intéressants. Nous verrons bientôt le parti que l'on peut tirer, dans la pratique, de la facilité avec laquelle ce procédé d'inoculation permet de donner une maladie avortée, cliniquement méconnaissable, dont les animaux retirent un grand bénéfice.

D. — Nous avons entrepris de transmettre le charbon symptomatique en introduisant le virus dans *les voies respiratoires.* Voici une expérience qui démontre que nous avons réussi à produire une maladie avortée dont l'influence consécutive sur l'organisme est la même que celle de l'injection intra-veineuse.

9 mai 1881. — On plonge un fin trocart dans la trachée d'une brebis. On introduit ensuite dans la canule et dans la trachée un tube de caoutchouc très grêle, de façon à en faire arriver l'extrémité au niveau des bronches. A l'aide d'une seringue, on pousse dans ce tube de caoutchouc et de là dans l'arbre bronchique 4 centimètres cubes de liquide de pulpe musculaire. L'injection est faite avec lenteur, pour que le liquide virulent tombe goutte à goutte et ne provoque pas d'accès de toux. Effectivement, la toux est légère.

On retire ensuite le caoutchouc, sans redouter que son extrémité inocule le tissu conjonctif, puisqu'elle en est séparée par la canule du trocart; enfin, on retire le trocart, pendant que l'on inonde la plaie avec une solution d'acide phénique à 1/100.

10 mai. — La plaie trachéale est nette ; mais l'animal est triste ; il frissonne de temps en temps ; la température rectale s'est élevée de 9/10 de degré.

11 mai. — Les frissons continuent dans la matinée; ils disparaissent le soir.

12 mai. — La brebis mange et rumine comme ses voisines.

13 mai. — Le retour à la santé se confirme.

L'inoculation intra-bronchique de 4 centimètres cubes de liquide de pulpe n'ayant pas causé la mort, restait à voir si le malaise passager que l'animal a présenté était un charbon symptomatique avorté.

17 mai. — On injecte dans la cuisse droite de cette brebis 1/2 centimètre cube d'un suc musculaire qui vient de tuer deux cobayes.

18 mai. — Boiterie et frissons.

19 et 20 mai. — Retour à l'état normal.

20 mai. — Nouvelle inoculation d'épreuve avec un liquide très virulent. On note de la boiterie dans la soirée. Le lendemain tout rentre dans l'ordre.

Puisque cette brebis a résisté à deux inoculations d'épreuve, nous conclurons donc :

1° Que l'inoculation dans les voies respiratoires peut produire un charbon avorté comme l'inoculation dans les veines et l'inoculation d'une dose infinitésimale de virus dans le tissu conjonctif.

2° Que l'introduction du virus du charbon bactérien par la surface bronchique permet à l'organisme d'en supporter une dose aussi considérable que si elle était injectée dans les veines.

E. — Dans cet exposé sur l'inoculabilité du charbon symptomatique, nous devons donner une place à l'infection par *les voies digestives*.

Au moment où nous avons publié la première édition de cet ouvrage, nos tentatives avaient été toutes infructueuses.

Nous avions fait boire des liquides de pulpes musculaires préparées avec des tumeurs charbonneuses, soit seuls soit associés à du lait ; nous avions offert comme aliment au bouvillon, au mouton et au cobaye du foin, du son, de la drèche, de l'avoine associés au virus à l'état liquide et frais ou bien desséché. Malgré ces efforts pour varier le mode d'introduction du virus dans l'appareil digestif, nous n'avions jamais réussi à communiquer le charbon même sous sa forme bénigne. Éprouvés, les animaux qui avaient été soumis à ce genre d'alimentation ont succombé, montrant ainsi qu'ils n'avaient point été inoculés par le tube digestif. Voici deux exemples de ces tentatives infructueuses :

23 *mai* 1881. — On arrose une poignée d'avoine et de son mélangés avec 8 centimètres cubes de liquide de pulpe charbonneuse fraîche et on la présente à un mouton qui la mange avidement. Tenu en observation depuis le moment de ce repas jusqu'au 31 mai, il n'a rien présenté d'anormal, ni dans le rythme circulatoire, ni dans la température, ni dans l'appétit.

Le 9 juin, on mélange de la pulpe charbonneuse desséchée à 32° et très active à du son et on donne en deux fois ce mélange au même mouton laissé à la diète depuis la veille. Il mange le tout fort avidement, et ne présente, pas plus qu'à la suite de l'expérience du 23 mai, aucun signe de malaise.

Ce mouton a été éprouvé le 13 juin avec du virus frais. Il a succombé le surlendemain en présentant une tumeur charbonneuse énorme.

15 *décembre* 1881. — On prend 1/2 litre de lait dans lequel on laisse

tomber 5 centimètres cubes de liquide frais de pulpe charbonneuse.
Le mélange est très virulent, car quelques gouttes inoculées à un cobaye témoin le tuent en vingt-quatre heures. On le fait boire de force
à une brebis. Tenue pendant huit jours en observation, cette bête n'a
rien présenté qui pût trahir objectivement une action quelconque des
microbes ingérés.

Nous avions également fait avaler à des grenouilles du
virus frais ; puis, au bout de quelque temps, nous les avions
tuées. Le produit du raclage de leurs séreuses et de leurs
sacs lymphatiques inoculé à des cobayes n'avait rien produit.
Ceux-ci moururent plus tard quand on les éprouva.

Malgré ces résultats négatifs, nous n'affirmions pas que
l'infection fût impossible par cette voie. Nous disions même
que si l'agent infectieux rencontrait une plaie sur son par-
cours, tout au moins dans les parties antérieures, l'inoculation serait possible.

Depuis, en réfléchissant aux variations d'activité du virus, nous nous sommes demandé si, au lieu de nous servir
d'un contage d'activité moyenne et ordinaire, nous le pre-
nions lorsque ses propriétés pathogènes sont modifiées, nous
n'arriverions pas à communiquer la maladie par la voie digestive.

En soumettant du virus aux conditions que l'expérimentation nous a indiquées comme capables d'en modifier la virulence, conditions que nous ferons connaître plus loin, et
en le mêlant aux aliments des jeunes bovidés, nous avons
réussi à leur communiquer le charbon symptomatique par
cette voie. Voici l'exposé d'une expérience dirigée dans cet
ordre d'idées :

29 *mai* 1886. — On prépare un liquide de pulpe musculaire avec les
muscles d'un cobaye qui vient de succomber à l'inoculation d'un virus
modifié expérimentalement (voir chapitre v). On imprègne quelques
tranches de pain de ce virus, et on les fait manger à un bouvillon de

six à sept mois, tenu depuis quelque temps en observation et en parfait état de santé.

Jusqu'au 3 juin au matin, on ne remarque rien d'anormal chez ce petit animal ; dans la soirée de ce jour il est un peu triste et a quelques frissons. Le lendemain 4, la tristesse a augmenté, refus d'aliments, pas de rumination. Décubitus presque continuel. En le faisant lever et marcher, on constate une boîterie du membre antérieur gauche et de la faiblesse du train postérieur. L'exploration des régions fait voir une tumeur, dont le siége principal est sous l'épaule et qui déborde en avant, du côté du sternum. Une seconde tumeur existe à la cuisse gauche.

La mort arrive dans la nuit du 4 au 5 juin. L'autopsie faite minutieusement nous a montré une tumeur très volumineuse à la cuisse, constituée par des gaz et des muscles d'un noir typique. Cette tumeur paraît absolument isolée et sans relations avec les autres lésions. Nous constatons, en outre, une seconde tumeur sous l'épaule gauche qui communique, par une traînée s'étendant le long de la gouttière de la jugulaire, avec une troisième tumeur siégeant à la région sous-glossienne.

On a exploré avec grand soin l'arrière-bouche, le pharynx, l'œsophage après les avoir soumis au lavage ; il n'a été rencontré ni plaie, ni érosions qui puissent être regardées comme les portes d'entrée du virus dans l'économie.

Voilà donc mis hors de toute contestation la possibilité de l'infection des bêtes bovines par la voie digestive.

ARTICLE II

MÉCANISME DE L'INFECTION. — APPLICATION A L'INTERPRÉTATION DES FAITS CLINIQUES ET A L'ÉTIOLOGIE.

Si l'on réfléchit sur les faits rapportés dans l'article précédent, on s'aperçoit que les divers modes d'infection qui nous ont donné des résultats positifs se réduisent à quatre : infection par le sang, par le tissu conjonctif (sous-cutané et intra-musculaire), par les voies respiratoires, par le tube digestif.

Les inoculations faites par ces différentes voies ont produit tantôt une *maladie incomplète et curable*, tantôt une *maladie complète avec sa terminaison fatale*. Il importe d'examiner cette différence, afin d'en trouver la raison.

A propos des inoculations intra-veineuses, on a vu que la maladie complète c'est-à-dire avec tumeur, succédait toujours à l'injection d'une dose de virus, forte par la quantité ou l'activité des microbes qu'elle renferme; mais on a dû être frappé de l'importance de la dose qu'il fallait introduire pour arriver à ce résultat.

Que se passe-t-il donc lorsque l'injection n'entraîne pas la mort, et qu'arrive-t-il lorsqu'elle détermine une ou plusieurs tumeurs mortelles?

On peut admettre que le microbe meurt en arrivant dans le sang, puisque l'injection d'une faible dose de virus communique aux inoculés une maladie qui leur confère ensuite l'immunité. Mais si on compare l'innocuité relative d'une injection intra-veineuse de 2, 3, 4, 5 centimètres cubes de virus aux conséquences funestes de l'injection d'une seule goutte dans le tissu conjonctif, on est autorisé à conclure ou bien que le microbe s'épuise rapidement dans le milieu sanguin, peu favorable à sa multiplication, ou bien qu'il s'y multiplie, mais que l'endothélium vasculaire le retient en dehors des mailles du tissu conjonctif où il achève son évolution, au sein des tumeurs qui sont presque constamment le prélude de la mort.

Cette dernière hypothèse nous paraît la vraie, car on peut constater expérimentalement que le microbe se multiplie dans le sang et que la destruction de la barrière endothéliale suffit pour convertir une maladie incomplète en une maladie complète avec tumeur.

4 *mars* 1881. — A dix heures du matin, on pousse dans la jugulaire gauche d'une brebis 1/2 centimètre cube de suc musculaire dilué, avec

toutes les précautions d'usage pour éviter l'inoculation du tissu conjonctif.

Avant cette opération, la température rectale est de 39°5.

Six heures après l'injection, elle monte à 41°5.

L'animal a quelques frissons.

5 *mars*. — A onze heures du matin, la température est à 40°6. Pas de tuméfaction autour de la plaie du cou.

A ce moment, on provoque une légère hémorrhagie sous la peau de la face interne de la cuisse droite, à l'aide d'un scalpel fin, neuf et flambé, introduit obliquement sous le tégument.

6 *mars*. — La brebis est triste; la cuisse sur laquelle on a fait le traumatisme, la veille, est chaude, douloureuse, sa face interne a pris la couleur lie-de-vin; du jarret aux onglons, le membre est œdématié; en un mot, cette bête présente tous les signes du développement d'une tumeur charbonneuse autour du traumatisme pratiqué la veille. Temp. rectale : 41°9.

La brebis meurt dans la nuit du 6 au 7. L'autopsie confirme le diagnostic.

On ne peut douter maintenant que le microbe se multiplie dans le sang et qu'il suffit de lui permettre de se répandre en dehors des vaisseaux pour qu'il détermine une tumeur charbonneuse et la mort.

La multiplication est prouvée par les effets de l'auto-inoculation, car ce ne sont pas les microbes renfermés dans les 0 gouttes du suc musculaire injectées qui auraient été capables de communiquer des propriétés virulentes à toute la masse sanguine de la brebis dont quelques centimètres cubes nt agi avec autant d'énergie que les sucs musculaires les plus actifs.

L'influence de la barrière endothéliale vasculaire est démontrée par les effets du traumatisme ou de l'auto-inoculation.

Pendant toute la période fébrile qui suit l'inoculation intra-veineuse, l'animal loge donc dans ses vaisseaux un nombre considérable de microbes; il en est imprégné, peut-on dire; mais tant que ces derniers sont contenus en deçà de l'endothélium vasculaire, ils évoluent et se détruisent sans entraîner la mort. En se basant sur les recherches récentes de Metschnikoff et sur celles de Wyssokowitsch, on peut admettre que leur destruction est commencée par les globules blancs qui agissent comme phagocytes et les emmagasinent dans leur intérieur. Après la mort des leucocytes, les microbes seraient repris par les cellules endothéliales qui achèveraient l'œuvre.

Quoi qu'il en soit, avant d'être détruits, ils payent leur parasitisme d'un bienfait, puisqu'ils mettent l'organisme qui les a logés à l'abri d'un nouvel envahissement.

S'il en est ainsi, lorsque le sujet a reçu une faible dose de virus, on est conduit à penser que, dans les cas où les injections veineuses s'accompagnent de tumeurs, le microbe sort naturellement des vaisseaux pour évoluer ensuite *in situ*.

Nous ne sommes pas en mesure de décrire comment s'effectue la sortie du microbe ; mais on sait qu'elle peut se produire de plusieurs manières, soit en profitant de la déchirure accidentelle de quelques faisceaux musculaires ou des trajets ouverts dans les parois des vaisseaux par les cellules lymphatiques, soit par un processus analogue à celui de l'infarctus embolique.

Puisque ces expériences nous représentent le sang comme un milieu dans lequel le microbe du charbon symptomatique peut se multiplier sans de grands dangers pour la vie des animaux, et nous apprennent que celle-ci est compromise si le microbe sort de ce milieu, nous pouvons distinguer deux phases dans l'évolution de la maladie : l'une de repullulation du microbe qui s'opère dans le sang, l'autre d'intoxication qui survient quand le microbe passe dans le tissu conjonctif.

Cela étant, on s'explique aisément les suites diverses des injections dans ce tissu.

D'abord il ne faut pas oublier que le virus, quelle que soit la quantité inoculée, se partage toujours plus ou moins inégalement en deux parties ; l'une restera dans les espaces du tissu conjonctif, tandis que l'autre sera entraînée dans le sang par les capillaires sanguins ou lymphatiques.

Lorsque cette quantité sera infinitésimale, la portion qui évoluera sur place déterminera des accidents insignifiants, et celle qui passera dans le sang se comportera comme dans le cas d'une faible injection intra-veineuse. Quand cette dose sera moyenne, les effets varieront suivant la manière dont s'opèrera le partage des agents virulents ; s'il en reste peu dans le tissu conjonctif, les accidents locaux seront presque nuls, mais la repullulation dans le sang sera grande et l'on pourra voir survenir çà et là une tumeur comme après une forte injection veineuse ; s'il en reste beaucoup, les effets ressembleront à ceux des doses massives. Dans ce cas, la portion qui est retenue dans le tissu conjonctif est assez grande pour produire d'emblée une tumeur dont l'influence sur l'organisme masque celle de la repullulation dans le sang ; mais cette dernière marche parallèlement, puisque, chez quelques sujets, dont la survie est assez longue, il se développe des tumeurs symptomatiques qui n'entretiennent aucune relation avec la tumeur primitive par l'intermédiaire du système lymphatique et n'ont pu se produire qu'à la faveur d'une ou plusieurs *auto-inoculations*, le sang jouant le rôle de virus.

On peut également interpréter les effets de l'inoculation dans les voies respiratoires. Ces effets ressemblent à ceux de l'injection intra-veineuse, parce que les microbes déposés à l'entrée des bronches se disséminent immédiatement à la face interne des *infundibula*, d'où ils passent dans les vaisseaux du poumon en traversant simplement deux lames endothéliales, l'endothélium alvéolaire et l'endothélium des capillaires, sans rencontrer, pour ainsi dire, de tissu conjonctif sur leur trajet.

Ce mode d'inoculation équivaut presque au fond à une inoculation dans le milieu sanguin.

La description que nous venons de faire du mécanisme de l'infection artificielle de l'organisme permet de donner une interprétation rationnelle des faits cliniques et jette, ce nous semble, de la lumière sur la façon dont a lieu la pénétration des microbes, dans les cas de charbon bactérien qualifiés de *spontanés*.

Ils peuvent être portés directement dans le tissu conjonctif, à la suite d'une plaie, d'une piqûre de la peau ou de la muqueuse, soit par l'air, soit par les instruments ou les objets qui ont occasionné la blessure.

En démontrant expérimentalement la possibilité de la transmission de la maladie par la voie digestive, nous prouvions que l'infection naturelle est capable de se faire de cette manière. Dans les pays infectés, les nécessités journalières de l'alimentation des bêtes bovines amèneraient une mortalité considérable et rendraient l'élevage très difficile, si le virus, pour produire ses funestes effets par cette voie, n'avait probablement besoin d'être dans certains états spéciaux, ainsi qu'il semble ressortir de nos expériences, et qu'il ne rencontre qu'exceptionnellement. On verra plus loin que nous avons tâché de déterminer quelques-unes des conditions susceptibles de modifier la virulence du contage que nous étudions.

Les microbes peuvent aussi pénétrer par les voies respiratoires avec l'air inspiré, arriver au poumon pour de là se répandre dans le torrent circulatoire et produire des tumeurs symptomatiques mortelles ou conférer l'immunité. Nous verrons plus loin la résistance énorme des microbes desséchés, et quand on songe, en se reportant aux expériences de

M. Miquel (1), qu'un bœuf de taille moyenne introduit dans
le poumon 61 740 germes de bactéries par jour et 21 591 684
par an il n'y a rien d'irrationnel à penser que, dans un pays
infecté, ceux du charbon symptomatique peuvent se trouver
parmi eux et pénétrer avec l'air de la respiration. La manipulation des foins, pailles et autres aliments sur lesquels ils
ont pu se déposer est probablement une cause très active de
la contamination de l'air.

Lorsque les microbes pénétreront accidentellement en
quantité assez considérable dans le tissu conjonctif, à l'aide
d'une plaie ou d'une piqûre de la peau ou des muqueuses,
la maladie débutera par un accident local, la tumeur sera
primitive et constituera le premier symptôme ; bref, on assistera à l'évolution du *charbon essentiel* de Chabert, car il ne
faut pas oublier que cet observateur n'établit pas d'autre différence entre le charbon essentiel et le charbon symptomatique que celle qui résulte de l'apparition immédiate ou tardive de la tumeur.

Au contraire, quand les microbes pénétreront en petite
quantité dans le tissu conjonctif, quand ils seront déposés
par une blessure ou une morsure dans une région à tissu
cellulaire trop condensé ou à température trop basse, de
telle sorte que la pullulation sur place s'y fasse difficilement,
ou quand ils entreront directement dans le sang, comme
cela peut arriver lorsque l'infection aura lieu par le poumon
ou par le tube digestif, on assistera au *charbon symptomatique proprement dit*, c'est-à-dire à une maladie qui com-
mencera par des phénomènes généraux et se compliquera
de l'apparition de tumeurs.

Maintenant on comprend que cette maladie puisse débuter
par le charbon essentiel, et se compliquer plus tard de tu-

____

(1) P. Miquel, *Les organismes vivants de l'atmosphère*. Paris, 1883.

meurs symptomatiques si l'animal résiste assez longtemps.

Enfin, comme la plupart des tumeurs sont symptomatiques, on s'explique comment elles se développent profondément dans les masses musculaires sans lésions cutanées correspondantes, c'est-à-dire sans un accident local comparable à la pustule maligne.

Nous ajouterons que l'évolution de la maladie étant connue, il n'est plus possible de regarder les tumeurs comme des phénomènes critiques, comme un effort de la nature pour se débarrasser de l'organisme étranger qui l'a envahie; leur développement a, au contraire, les plus fâcheuses conséquences, puisqu'il place les microbes dans le milieu où leur évolution entraîne presque toujours la mort des malades.

CHAPITRE V

Après avoir démontré l'inoculabilité du charbon symptomatique, il faut déterminer, parmi les produits organiques complexes qui servent aux inoculations, quel est l'agent infectieux.

Nos inoculations ont été généralement faites avec les sucs des muscles et des ganglions malades, la sérosité des œdèmes et le sang. Rappelons que les sucs et la sérosité renferment des globules sanguins et lymphatiques, des débris de fibres musculaires, des gouttelettes de graisse, et, de plus, des granulations fines et mobiles, brillantes ou sombres selon leur position sous l'objectif du microscope, et des bactéries mobiles, avec ou sans corpuscule à leur intérieur (Voyez la description au chapitre III, art. ii) et sous forme de microcoques, tandis que le sang ne présente que des granulations analogues à celles des pulpes et, dans quelques cas, des bactéries très mobiles, *sans corpuscule*, les bactéries sporulées étant toujours fort rares.

En présence d'éléments organiques et de microbes étrangers, le choix de l'agent actif est aujourd'hui facile à faire.

ARTICLE PREMIER

PREUVES EXPÉRIMENTALES QUE LE *BACTERIUM CHAUVŒI* EST L'AGENT
EXCLUSIVEMENT PRODUCTEUR DU CHARBON SYMPTOMATIQUE.

L'idée que les maladies infectieuses sont dues à des microbes spécifiques ne rencontre plus guère d'incrédules
aujourd'hui. Notre tâche se trouve donc simplifiée pour le
charbon symptomatique; nous allons néanmoins exposer les
procédés qui nous ont servi à établir les preuves indiquées
plus haut.

§ 1. La première objection à laquelle nous devions répondre est empruntée aux théories humorales, elle consiste à
prétendre que l'agent qui occasionne et reproduit le charbon
réside dans les parties dissoutes, qu'au lieu d'être un élément
figuré, corpuscule ou bâtonnet, c'est une substance soluble,
intimement mêlée aux liquides organiques, si ce ne sont ces
liquides eux-mêmes devenus virulents par une modification
spéciale de leur constitution, qu'enfin les particules figurées
sont contingentes ou consécutives à l'apparition du mal.

Pour réfuter cette objection, nous ne pouvions mieux faire
que d'emprunter à M. Pasteur sa méthode de filtration sur
le plâtre. En traitant de cette façon des liquides très infectieux, les inoculations faites avec la partie filtrée n'ont jamais
communiqué la maladie, tandis que la portion restée sur
le plâtre a déterminé des accidents mortels. Naturellement
c'est au début de nos recherches que ces expériences ont été
faites. Elles remontent au mois d'avril 1880.

Nous avons aussi emprunté à M. Chauveau le procédé basé
sur la diffusion qu'il a mis en pratique dans ses premières
études sur les virus et la virulence. Si l'on prend un liquide
dilué provenant de pulpe virulente et qu'on l'abandonne
soixante heures dans un tube d'essai fermé avec un tampon

de coton et placé dans un lieu à l'abri de toute secousse,
l'examen microscopique de la partie supérieure du liquide
n'y montrera pas de microbes et l'inoculation de celle-ci sera
presque invariablement sans résultats, tandis que le même
examen fait sur la partie inférieure du liquide y montre des
bactéries en abondance et son inoculation est sûrement
positive.

§ 2. Nous sommes également arrivés à fournir la même
preuve d'une autre façon. Lorsqu'on produit d'emblée une
tumeur charbonneuse par une inoculation massive dans le
tissu conjonctif, les microbes se montrent assez tardivement
dans le sang, quelques heures seulement avant la mort et
sous forme de granulations. Tant que l'examen microscopique n'y montre aucun microbe, on peut l'inoculer impunément, les résultats seront constamment négatifs ; mais quand
ils apparaissent, l'inoculation est presque toujours positive.

Enfin l'étude que nous avons faite plus haut des diverses
humeurs provenant du cadavre d'un animal qui vient de succomber au charbon bactérien nous a offert une remarquable
concordance entre la présence des microbes et la virulence. Nous avons vu, par exemple, que le rein fait l'office
d'un filtre qui s'oppose au passage des microbes dans l'urine,
l'examen microscopique nous a toujours montré celle-ci
dépourvue de microphytes ; or son inoculation a été constamment infructueuse.

§ 3. Il vient d'être dit qu'à côté des éléments organiques
normaux, on trouve des microcoques et des bactéries mobiles, sporulées ou non. On pouvait se demander si les uns
et les autres sont deux formes du même microbe. Les cultures sous le microscope, à l'aide de la chambre chaude de
Ranvier, nous permettent de constater que, pourvues d'un
ou de deux noyaux à leurs extrémités, quand on les place
sous l'objectif, les bactéries ne tardent pas à se désagréger,

à se dissoudre en quelque sorte en mettant en liberté leurs spores qui deviennent les corpuscules brillants. Au bout de quelques heures, ceux-ci remplissent tout le champ et remplacent les bactéries dont ils proviennent. Quant aux bactéries sans spores, elles se divisent en fragments très courts.

L'expérimentation nous a appris que les spores et les micrococoques possèdent une activité égale, sinon supérieure aux bactéries et que leur inoculation reproduit la tumeur et la bactérie.

Si l'on recueille du sang à plusieurs reprises pendant l'évolution de la maladie, il est possible de saisir le moment où ils font leur apparition. En dirigeant l'expérience de cette manière, on constate que le sang n'est virulent qu'à partir du moment où il renferme des granulations, et sa virulence est alors aussi grande que celle des éléments figurés de la tumeur. La preuve en est fournie par l'expérience ci-dessous :

5 *février* 1881. — Un mouton est gravement malade d'une inoculation faite deux jours auparavant dans les muscles de la cuisse droite ; quatre heures avant sa mort, on plonge la canule d'une seringue dans l'une de ses jugulaires et on aspire quelques centimètres cubes de sang ; sans perdre de temps, on pousse 1 centimètre cube de ce liquide dans la jugulaire d'une brebis mérinos préparée à cet effet. L'examen microscopique ne montre dans ce sang que des granulations mobiles.

Dans la soirée, la brebis est triste. Le lendemain matin, on observe quelques frissons ; la tristesse a augmenté ; pas d'engorgement autour du point d'inoculation.

Le même jour, à six heures du soir, on constate une boiterie causée par une tumeur charbonneuse qui se développe dans la profondeur de la cuisse droite.

Le 7, mort à neuf heures du matin, soit quarante-deux heures après l'inoculation.

La tumeur renferme des bactéries avec et sans spores.

L'introduction des granulations du sang dans les vaisseaux a donc déterminé des accidents aussi considérables que

l'inoculation intra-veineuse de très fortes doses des microbes
de la tumeur et de l'œdème et a reproduit des microbes bac-
tériformes. Par conséquent, l'agent virulent du charbon
symptomatique consiste en un organisme inférieur qui se
présente sous les formes de granulations et de bâtonnets mobiles dont le plus grand nombre est pourvu d'une spore près
de l'une des extrémités.

§ 4. L'isolement par les cultures successives dans des milieux artificiels pouvait fournir la dernière preuve de la spécificité du microbe que nous avons accusé de produire le
charbon bactérien.

Ce microbe n'est pas de ceux que l'on cultive aisément.

Plusieurs essais de culture dans le sérum sanguin, le bouillon de bœuf ou de veau pur ont donné des résultats nuls ou
incomplets.

Nous avons semé dans ces milieux nutritifs du sang recueilli sur des sujets récemment morts du charbon bactérien
ou de la sérosité musculaire puisée, avec les précautions
usitées, au sein de tumeurs symptomatiques.

Les cultures furent d'abord laissées en communication
avec l'air. Dans ce cas, leur activité, constatée par l'inoculation, n'a jamais dépassé la première génération.

Nous remplaçâmes alors l'atmosphère du tube à culture
par l'acide carbonique. Dans ces conditions, les cultures fécondées avec la sérosité des tumeurs présentèrent les signes
d'une prolifération plus active que celles qui avaient été
ensemencées avec le sang.

Généralement ces cultures ont conservé une virulence
mortelle jusqu'à la troisième génération ; puis, pendant deux
autres générations, elles ont manifesté une virulence atténuée
qui conférait l'immunité aux animaux soumis à leur essai ;
mais au delà leur virulence a paru éteinte.

Ces cultures renfermaient des essaims de bactéries très

courtes, des filaments poliarticulés et quelques bactéries isolées, mobiles, formées d'une granulation ovoïde, foncée, englobée dans une petite masse protoplasmique de même forme ou légèrement allongée, rappelant les plus fins microbes que l'on rencontre dans les muscles de la tumeur charbonneuse.

Il y avait indication à changer la composition des milieux. Des considérations de plusieurs ordres nous portèrent à croire que la bactérie du charbon symptomatique se plairait dans le bouillon de poulet additionné d'une petite quantité de glycérine et de sulfate de fer.

Douze générations successives furent obtenues en employant ce liquide nutritif et en faisant les cultures dans le vide, d'après la technique recommandée par M. Pasteur.

Cette série de culture fut extrêmement remarquable par l'uniformité de ses résultats. Effectivement, tous les tubes ont présenté des microbes d'une seule et même forme.

Ces microbes étaient fins, mobiles et composés d'une sorte de noyau sombre ou clair, selon la position de l'objectif, fort semblable à la spore des bactéries de la tumeur musculaire, et d'une aréole protoplasmique, claire, effilée à l'un de ses pôles, de manière à leur donner l'aspect d'un tout petit clou de girofle. L'aréole protoplasmique était fort difficile à voir, en raison de sa réfringence qui se rapprochait beaucoup de celle du milieu de culture. Il fut utile de l'étudier avec l'objectif n° 10, de Hartnack.

De plus, toutes ces cultures ont tué les cobayes qui les ont reçues, en produisant les lésions que nous avons décrites longuement ailleurs. Mais, à côté du fait brut qui est fort utile à constater, l'inoculation a révélé certaines particularités intéressantes.

Ainsi l'activité pathogène a crû dans les cultures successives jusqu'à la dixième génération. Les cobayes qui reçurent les sept premières sont morts vingt à vingt-deux heures après l'inoculation ; la huitième culture tuait ces animaux en dix-huit heures, la neuvième en douze heures, la dixième en sept heures.

Le dénouement a été si rapide après l'inoculation de cette dernière que nous nous sommes pris à douter de la pureté de la culture. Nous pouvions être en présence d'une septicémie foudroyante, d'autant plus que le point d'inoculation présentait un simple œdème séreux et des bactéries en clou de girofle ou de simples granulations mobiles. Mais une série d'inoculations de contrôle nous a bientôt rassurés. Avec les sucs extraits des muscles œdématiés, nous avons inoculé un chien, un lapin, un rat blanc, une poule, animaux qui jouissent de la réceptivité pour la septicémie foudroyante ou gangréneuse et en sont dépourvus pour le charbon bactérien ; puis un cobaye et un mouton à qui l'on avait communiqué l'immunité contre cette dernière maladie par des inoculations antérieures, enfin deux cobayes indemnes. Or, les deux premières séries d'animaux sortirent intacts de l'épreuve, tandis que les deux cobayes indemnes furent emportés en offrant les symptômes et les lésions du charbon bactérien.

La onzième génération a donné lieu à une anomalie qui nous a fait penser un instant à l'épuisement du microbe. Le cobaye inoculé avec cette culture ne mourut qu'au neuvième jour qui suivit l'injection sous-cutanée. Il s'agissait d'un cas de résistance exceptionnelle du cobaye, car la tumeur développée sur la victime renfermait le microbe caractéristique dans toute sa beauté. En outre, la douzième génération tuait le cobaye en trente heures.

Telle a été cette série de cultures dans le bouillon de poulet additionné de glycérine et de sulfate de fer.

Nous avons aussi cultivé le *Bacterium Chauvæi* dans le bouillon de bœuf acidulé par l'acide lactique. Dans ce milieu, il a conservé son activité jusqu'à la sixième génération.

Ces diverses cultures ont donc démontré que le virus du charbon symptomatique est un parasite végétal microscopique, que l'on fait reproduire artificiellement à l'abri de l'air atmosphérique sous la forme d'une courte bactérie qui finit par être nucléée à une extrémité, laquelle grossit dans le tissu conjonctif et passe par les phases de bactéries longues, *vibroïdes*, d'articles courts, mobiles, à extrémités angulaires ou arrondies, auquel cas ils ressemblent à des microbactéries.

Cette étude a encore montré qu'il existe des ressemblances frappantes, au point de vue morphologique, entre le microbe du charbon bactérien, le ferment butyrique et l'agent de la septicémie gangréneuse de l'homme.

ARTICLE II

RÉSISTANCE DU *BACTERIUM CHAUVŒI* AUX CAUSES DE DESTRUCTION.

Puisqu'il est prouvé que les microbes, à l'état de mycélium et de spores, sont les agents exclusifs du charbon, puisqu'ils existent par milliards dans les tissus des malades, examinons ce qu'ils deviennent quand ils sont mis en liberté par la manipulation, le dépeçage ou la putréfaction des cadavres et qu'ils tombent sur des corps où ils se dessèchent rapidement, ou bien arrivent dans la terre et les eaux.

Pendant combien de temps conservent-ils leurs propriétés? Sous quel état? Peuvent-ils être détruits rapidement? Questions capitales pour l'hygiène et la pathologie dont on voit de suite les conséquences pratiques.

Nous allons suivre le virus hors du cadavre d'un sujet qui vient de succomber.

L'examen doit porter sur le virus frais récemment échappé

du cadavre et sur celui qui en est sorti depuis un temps variable. Dans ce dernier cas, deux circonstances peuvent se présenter: Le virus est tombé dans l'eau ou dans un milieu saturé d'humidité, ou bien il a été projeté sur un corps sec (pierre, bois, etc.) par une température élevée et il s'est desséché rapidement.

Sous l'un ou l'autre état, nous avons examiné la façon dont il se comporte vis-à-vis : *a*) du froid; *b*) de la chaleur sèche et de la chaleur humide; *c*) de l'eau et d'un milieu humide ; *d*) de la putréfaction ; *e*) de diverses substances et agents chimiques.

Mais il convient de dire dès maintenant, et pour éviter des répétitions, que *la résistance du virus desséché est beaucoup plus considérable que celle du virus frais* et conséquemment, quand nous dirons que ce dernier résiste à l'un des agents qui viennent d'être énumérés, ce sera indiquer implicitement que le virus desséché en fait autant, tandis que l'inverse n'est pas vrai.

Action du froid. — Avant toute démonstration expérimentale, on pouvait soupçonner que le contage du charbon symptomatique est doué d'une résistance considérable aux causes de destruction, en considérant l'étendue de l'aire géographique où il sévit. Il ne ressemble en rien à celui de plusieurs affections épidémiques qui, cantonnées le plus souvent dans les contrées tropicales, ne s'acclimatent guère au delà d'une latitude déterminée, mais s'atténuent et s'éteignent, heureusement pour l'humanité. Effectivement, il exerce son action dans les deux mondes, comme nous l'avons dit antérieurement (Voyez chapitre II) et ainsi qu'en témoignent les correspondances et les pièces pathologiques qui nous ont été adressées. Nous l'avons vu sévir sur les bords des chotts algériens et nous l'avons retrouvé sur les alpages du Jura français et du Jura suisse, à 800 et même 1100 mètres d'altitude, là où la neige recouvre le sol cinq mois chaque année, ainsi que sur les pâturages du plateau granitique et volcanique du centre, dans la chaîne des Puys et celle du Mont-Dore, à 1000 mètres d'altitude et dans des conditions hibernales semblables à celles du Jura et des Alpes.

Nous ne pouvions, toutefois, nous en tenir à ces seules données de l'observation et nous avons eu recours à l'expérimentation pour savoir exactement à quoi nous arrêter.

Nous allons d'abord transcrire une expérience faite par nous pendant le rigoureux hiver de 1880-81, elle montrera comment se comporte le microbe vis-à-vis de la congélation.

15 *janvier* 1881. — Avec les muscles d'un mouton qui vient de succomber au charbon symptomatique, on prépare un liquide très virulent. Ce liquide est recueilli dans un verre placé lui-même dans une capsule pleine de glace pilée ; le tout est posé sur le rebord d'une des fenêtres du laboratoire. Le liquide de pulpe ne tarde pas à se congeler et à se prendre en un bloc qu'on ne touche ni ne déplace pendant les journées et les nuits des 16 et 17 qui sont extrêmement rigoureuses. Dans la matinée du 18, on fait dégeler le morceau de glace ; l'examen microscopique montre les microbes avec leur mobilité habituelle ; on inocule 5 gouttes du liquide obtenu à un cobaye qui meurt douze heures après l'inoculation, en présentant une tumeur charbonneuse.

Nous désirions pousser nos recherches plus loin et utiliser le froid intense que des découvertes physico-chimiques récentes ont permis de produire dans les laboratoires. Mais n'étant pas outillés nous-mêmes pour ce genre de recherches, nous ne pouvions le faire. Nous avons mis à contribution l'obligeance de M. E. Yung, de l'Université de Genève, qui, de concert avec M. Raoul Pictet, a préparé et exécuté une expérience des plus remarquables dont les résultats ont été consignés dans les comptes rendus de l'Académie des sciences (1). Le virus du charbon bactérien a été soumis par ces expérimentateurs aux conditions suivantes :

« Du suc de pulpe musculaire provenant d'un cobaye qui vient de succomber au charbon symptomatique est recueilli dans des tubules qu'on place dans un tube plus grand. Celui-ci est scellé à la lampe et enfermé avec plusieurs autres contenant divers virus et ferments, des œufs d'invertébrés et des graines, dans une cassette enveloppée de corps mauvais conducteurs. On soumet le tout d'abord à un abaissement progressif de température de 0° à environ — 70° par l'action de l'acide sulfureux liquide continué pendant vingt heures. L'acide sulfureux a été ensuite remplacé par l'acide carbonique solide (sans diminution de pression) dont la provision a été régulièrement entretenue jour et nuit durant quatre-vingt-huit heures, le thermomètre oscillant entre — 70° et — 76°. Enfin on a fait agir le vide durant vingt heures, sur la neige carbonique abaissant ainsi la température à environ — 120° ou 130°. De ce point, le réchauffement s'est opéré lentement pendant six heures au bout desquelles tout était revenu à la température ambiante. »

Le virus ainsi traité nous a été renvoyé immédiatement par M. E. Yung ; le jour même de sa réception nous l'avons utilisé sur un jeune cobaye qui est mort à la quinzième heure après l'inoculation en montrant une belle tumeur au point inoculé. Le suc musculaire de sa tumeur, inoculé au lapin et au chien, n'a produit aucun effet, preuve que nous nous trouvions bien en face du virus charbonneux et non d'un produit septicémique.

Puisque, dans de pareilles conditions de froid, si remarquables par leur intensité et leur durée, la bactérie charbonneuse n'a été ni détruite ni atténuée, il est bien difficile de prévoir à quelles limites il faudrait atteindre pour l'anéantir. En tout cas un semblable résultat, rapproché de ceux obtenus sur d'autres virus figurés, comme les spores du *B. anthracis*, ouvre à la biologie générale un nouveau champ de recherches et de méditations.

(1) De l'action du froid sur les microbes, in *Comptes rendus de l'Académie des sciences*, 24 mars 1884.

ACTION DE LA CHALEUR. — Bien différents sont les résultats, suivant que la chaleur agit sur du virus frais ou sur du virus desséché, et suivant que l'on fait agir sur le virus de l'eau ou de l'air chauds. Ce sont autant de conditions à examiner.

1° *Action médiate de l'air chaud sur le virus* FRAIS. — Si l'on enferme du virus frais dans un tube qu'on scelle à la lampe et qu'on place dans une étuve, on constate, par une série d'inoculations, que jusqu'à 65° la chaleur ne paraît pas produire d'effets bien appréciables sur le contage, tout au moins quand elle n'est continuée que pendant une durée de dix à trente minutes ; la mort arrive invariablement de la douzième à la trentième heure chez les sujets inoculés avec du virus ainsi chauffé. A partir de 65°, et en chauffant pendant soixante-dix minutes, nous avons observé une proportion soutenue entre la durée de la chauffe et le moment de la mort des cobayes inoculés. L'expérience suivante met bien cette corrélation en évidence :

30 *juin* 1882. — A une série de cobayes, on inocule 5 gouttes d'un virus frais qui a été chauffé :

A 65° pendant 15 minutes ; le cobaye inoculé est mort 12 h. après.

—	20	—	—	—	20	—
—	30	—	—	—	30	—
—	40	—	—	—	45	—
—	70	—	—	—	45	—

Si l'on chauffe à 70° pendant deux heures vingt minutes, ou à 80° pendant deux heures, l'activité virulente est complètement anéantie, l'inoculation ne produit rien. Il n'y a pas, dans ce cas, atténuation et transformation du virus en vaccin, car, à l'épreuve, les sujets ont toujours succombé.

Enfin, si l'on place le virus dans une étuve à 100°, il est anéanti au bout de vingt minutes.

Dans un certain nombre d'expériences, où le virus a été chauffé à 70° pendant un temps variant de une heure à deux heures vingt minutes, nous avons obtenu des résultats très curieux et très dignes de fixer l'attention.

En effet, le virus qui a été chauffé une heure est à peine modifié; celui qui l'a été pendant une heure trente-cinq minutes tue encore, mais avec une certaine lenteur, la plupart des animaux auxquels on l'inocule; celui qui a été chauffé une heure quarante-cinq minutes ne tue qu'exceptionnellement; tandis que si l'opération est prolongée pendant deux heures, le virus sort si singulièrement modifié qu'il tue non seulement les cobayes sur lesquels on l'inocule, mais encore des animaux qui résistent à l'insertion du virus naturels, tels que le rat blanc.

Préoccupés de savoir si, dans ce cas, nous avions encore affaire au virus du charbon symptomatique ou à un contage étranger et de résistance différente, nous avons fait ingérer à un bouvillon la pulpe préparée avec les muscles des cobayes tués par le virus chauffé deux heures et cet animal a contracté, six jours après l'ingestion, un superbe charbon symptomatique.

Il a été déjà question de cet animal au chapitre de la transmission du charbon.

2° *Actions immédiate et médiate de l'eau chaude sur le virus* FRAIS. — La simple projection d'eau bouillante sur le virus ne suffit pas à en détruire les funestes propriétés. Si l'on place, par exemple, 2 centimètres cubes de virus au fond d'un verre, qu'on verse dessus trois fois la même quantité d'eau bouillante, soit 6 centimètres cubes, et qu'on abandonne le tout pour l'inoculer après refroidissement, l'inoculation donne des résultats positifs. Mais si l'on plonge le virus contenu dans un tube fermé, comme il a été dit tout à l'heure, dans l'eau bouillante, un séjour de *deux minutes* suffit pour le rendre inactif, et jusqu'à présent il ne nous a pas paru qu'il fût devenu vaccinal.

On voit que l'action médiate de l'eau chaude est bien supérieure à celle de l'air chaud.

3° *Action immédiate de l'air chaud sur le virus* DESSÉCHÉ. — Si du liquide de pulpe charbonneuse est répandu en couches très faibles sur un corps non poreux, et que l'évaporation et la dessiccation se fassent à une température de 35°, rapidement, de façon que la putréfaction n'ait pas le temps d'intervenir, il se forme un résidu brunâtre où le microbe spécifique conserve toute son activité. Il suffit d'en délayer un peu dans quelques centimètres cubes d'eau pour obtenir un liquide dont les effets ne diffèrent point de ceux produits par le virus frais. Dans ces conditions, la conservation intégrale de ses propriétés dure au moins deux ans.

On peut soumettre ce résidu à des lavages successifs jusqu'à ce qu'il ait abandonné la matière colorante qu'il renferme ; on obtient, après dessiccation, une poussière impalpable, blanchâtre, qui est aussi active que les liquides fraîchement extraits des tumeurs.

Quand on expose dans une étuve ce virus ainsi desséché, soit après l'avoir légèrement hydraté, soit après l'avoir mélangé à de l'eau, l'expérimentation montre qu'il faut maintenir l'étuve à 85° pendant six heures pour obtenir une diminution d'activité sensible. Mais elle n'est pas très prononcée, car si l'on rencontre des sujets doués d'une grande susceptibilité, bouvillons et moutons, si l'on inocule des doses massives ou si l'on s'adresse à de très jeunes cobayes, on amène la mort.

En chauffant, pendant le même laps de temps, à 90°, 95°, 100° et 105°, on obtient des virus de plus en plus affaiblis, comme nous le dirons en traitant de l'atténuation, mais non totalement anéantis. L'expérience suivante en est la preuve :

18 *janvier* 1882. — On délaye un peu de pulpe desséchée et chauffée à 100° pendant six heures dans quantité suffisante d'eau ; puis, avec le liquide ainsi préparé, on inocule un petit cobaye âgé de quarante-huit heures et un cobaye adulte ; le premier reçoit 1/2 centimètre cube, le second 1 centimètre cube. L'adulte a résisté, le jeune est mort le sur-lendemain, en présentant à la cuisse une tumeur des plus caractéristiques.

Lorsque le chauffage est poussé à 110° et continué pendant six heures, on tue le contage ; car, dans ce cas, nous n'avons jamais vu l'inoculation être suivie d'aucun effet sensible, même sur de très jeunes sujets.

Ces recherches montrent que le virus bactérien *desséché* est doué d'une grande résistance à l'action modificatrice de la chaleur.

4° *Action médiate de l'eau chaude sur le virus* DESSÉCHÉ. — Placé dans un tube comme le virus frais et plongé dans l'eau bouillante pendant une heure, le virus desséché conserve toute son activité. Nous nous sommes alors demandé si, en le triturant à l'avance dans une quantité suffisante d'eau de façon à en faire un liquide analogue à celui qui sert aux inoculations expérimentales, en le rapprochant davantage du virus frais, la chaleur n'aurait pas plus de prise sur lui. Il n'en fut rien. Il est nécessaire de laisser le virus sec au moins *deux heures* dans l'eau bouillante pour en annihiler les propriétés contagieuses.

ACTION DE L'EAU OU D'UN MILIEU SATURÉ D'HUMIDITÉ A LA TEMPÉRATURE AMBIANTE. — Quand le virus frais arrive dans une grande quantité d'eau, il s'y dilue et s'atténue par cette dilution comme il sera dit ultérieurement. Si on le place dans une petite quantité d'une eau tranquille, les microbes ne tardent pas à tomber au fond et la partie supérieure est inoffensive, son inoculation ne donne rien. Peu à peu ces microbes s'atténuent dans leur virulence, mais d'une façon extrêmement variable qui tient peut-être en partie à la composition chimique des eaux. Il nous est arrivé de ne rien obtenir par des inoculations faites après cent vingt heures de séjour dans l'eau; d'autres fois la virulence s'est prolongée trois mois et plus.

ACTION D'UN MILIEU SATURÉ DE VAPEUR A LA TEMPÉRATURE DE 110°. — Du virus frais enfermé dans de petits tubes ou étalé sur des fragments de tissus, du virus desséché, mais délayé dans l'eau et distribué de la même manière que le précédent, ont été exposés dans l'étuve de MM. Geneste et Herscher pendant quinze minutes, en ayant toutefois la précaution de purger l'appareil au bout des sept premières minutes et de rétablir ensuite la pression.

Cette opération a détruit le virus frais et le virus desséché étalé sur les fragments d'étoffe ; le virus sec délayé et logé dans un tube lui a survécu. Mais ce dernier a été détruit à la suite d'une nouvelle opération qui a duré vingt minutes.

ACTION DE LA PUTRÉFACTION ET DE QUELQUES AUTRES FERMENTATIONS. — Quand le cadavre est enfoui et que la décomposition s'en est emparée, les agents de la putréfaction détruisent-ils ceux du charbon symptomatique? Nous nous sommes assurés qu'il n'en est rien, au moins pendant six mois, par l'expérience qui suit :

12 *novembre* 1880. — On enlève les muscles les plus noirs d'une tumeur siégeant à la cuisse d'une génisse qui vient de succomber au charbon, on les met dans un vase mal bouché qu'on abandonne sur le rebord d'une des fenêtres du laboratoire. Le 18 mai 1881, plus de six mois après, on examine ces muscles qui sont réduits en une sorte de putrilage répandant une odeur insupportable ; ils fourmillent de microorganismes de toutes sortes, parmi lesquels le vibrion serpentiforme caractéristique de la putréfaction. On achève de broyer ces muscles dans un peu d'eau ; on presse et l'on passe sur un tamis ;

5 gouttes du liquide filtré sont inoculées à un cobaye qui meurt à la cinquantième heure, en présentant une tumeur de la cuisse. Pour nous assurer que cette tumeur est bien de nature charbonneuse et que le cochon d'Inde n'a pas succombé à la septicémie, nous faisons une pulpe avec la tumeur qu'il nous offre et nous pratiquons une inoculation au lapin, ce réactif de la septicémie. Il n'en ressent rien.

Il faut se garder de croire, toutefois, qu'avec les matières *putréfiées* d'un cadavre charbonneux on obtienne constamment et exclusivement le charbon. A côté de ce résultat, il arrive que les inoculations restent parfois complètement inoffensives ; dans d'autres cas, on obtient simplement la septicémie et d'autres fois on obtient à la fois le charbon et la septicémie. Il est aussi impossible de prévoir à l'avance ce qu'il arrivera que de se rendre compte, par l'examen microscopique, de la nature de tous les microbes observés.

Trente mois après la mort, des inoculations faites avec un liquide extrait des muscles réduits en putrilage de la génisse dont il vient d'être question ont été constamment négatives. Nous n'en conclurons pas, d'une façon catégorique, qu'après ce temps d'enfouissement les bactéries du charbon symptomatique sont entièrement détruites ; nous avons trop présentes à l'esprit les recherches de M. Pasteur sur la conservation des spores du *B. anthracis* dans les lieux infectés. Nous en déduirons tout au plus que si elles existent, ou bien un petit nombre seulement ont survécu, ou bien elles ont été atténuées dans leur virulence première et certaines manipulations seraient nécessaires pour la leur redonner.

Si le microbe du charbon symptomatique peut vivre à côté de celui de la putréfaction, la présence du *Bacillus anthracis* ne l'entrave point non plus. L'observation a appris depuis longtemps qu'on voit dans les mêmes localités régner côte à côte les diverses formes carbunculaires distinguées par Chabert ; c'est le cas dans le Bassigny, l'Auvergne, la

Lombardie. L'expérimentation nous a montré qu'on pouvait faire évoluer le sang-de-rate et le charbon bactérien sur le même sujet ; en voici un exemple :

6 janvier 1881. — On pousse 1/2 centimètre cube de virus bactérien dans la cuisse d'un cobaye à l'aide d'une seringue Pravaz qui vient d'être employée par M. Chauveau pour inoculer le sang-de-rate et dans laquelle sont restés des bacilles. Les 8 et 9, le cobaye a la cuisse tuméfiée et boite fortement. On le trouve mort le 10 au matin. Sa cuisse est le siège d'une tumeur qui offre les caractères et les bactéries du charbon symptomatique, tandis que son sang fourmille de bâtonnets du sang-de-rate.

Il nous semble inutile de multiplier les exemples de concomitance des deux maladies sur le même sujet. M. Chauveau, qui s'est occupé aussi de ce point, est arrivé aux mêmes résultats que nous.

Nous avons voulu savoir si le ferment qui se trouve dans la présure et lui communique la propriété coagulante qu'il exerce sur la caséine du lait est détruit par la bactérie charbonneuse ou réciproquement. Nos expériences sur ce point nous ont démontré que chacun de ces ferments conserve son activité propre, du moins après un mélange de quarante-huit heures. La propriété coagulante de la présure n'est point annihilée et le lait ainsi coagulé, réduit en une bouillie très liquide, communique le charbon par inoculation.

Il en est de même de la torulacée de la fermentation ammoniacale ; elle ne détruit pas la bactérie charbonneuse et n'est pas détruite par elle à la suite d'un contact de même durée.

Ainsi, et sans préjuger ce qui arriverait si le mélange avec des microbes aérobies ou anaérobies était plus prolongé qu'il ne l'a été dans nos expériences, le virus bactérien produit ses effets parallèlement à ceux d'autres organismes qui, comme lui, sont fonctions de maladies redoutables ou de phénomènes spéciaux de fermentation.

ACTION DE DIVERS AGENTS CHIMIQUES. — Nous nous sommes livrés à une étude longue, minutieuse de l'action d'un grand nombre de substances vis-à-vis du virus bactérien. Sa puissante résistance en face des agents atmosphériques, froid et chaleur, nous poussait à rechercher quelles sont les substances auxquelles doivent s'adresser l'hygiéniste et le thérapeutiste pour la détruire. C'est là une question de premier ordre. Nous sommes arrivés à des résultats pleins d'intérêt, comme on va le voir.

En nous plaçant aussi près que possible des conditions de la pratique, nous avons fait agir sur le ferment charbonneux un grand nombre de substances liquides ou en dissolution, recommandées dans les injections ou les lavages antiseptiques. Nous avons étudié également les gaz ou les substances liquides susceptibles de se vaporiser spontanément, préconisés pour la désinfection des habitations.

En agissant sur du virus frais et sur du virus desséché, nous avons bien vite constaté, comme nous l'avions déjà vu à propos de l'action de la chaleur, que la résistance du virus desséché est beaucoup plus considérable que celle du contage frais. Toute substance capable de détruire l'activité du premier anéantit celle du second et ici encore l'inverse n'est pas exact.

Les diverses matières employée sont été laissées quarante-huit heures en contact avec le virus. Les substances gazeuses ont été amenées dans un bocal fermé par un bouchon luté à la cire auquel était suspendu un verre de montre contenant le virus, le tout d'après un dispositif indiqué par notre collègue M. Péteaux. Il va de soi que, pour l'essai de l'activité, on s'est servi constamment de la même quantité de virus

(5 gouttes), qui a été inoculée par injection hypodermique.

Nous allons résumer dans les deux tableaux suivants l'action des substances essayées vis-à-vis du virus frais, et dans un troisième nous indiquerons les substances qui détruisent le virus desséché et celles qui, susceptibles de le détruire à l'état frais, sont impuissantes quand il est sec.

A. — Action de substances liquides ou en dissolution sur le virus FRAIS.

NE DÉTRUISENT PAS LA VIRULENCE.	DÉTRUISENT LA VIRULENCE.
Alcool à 90°.	Acide phénique (solution aqueuse à 2/100).
Alcool camphré (saturé).	Acide salicylique (1/1000).
Alcool phéniqué (à saturation et à 1/200).	— borique (1/5).
Glycérine.	— azotique (1/20).
Ammoniaque.	— sulfurique (dilué).
Acétate d'ammoniaque.	— chlorhydrique (1/2).
Sulfate —	— oxalique (à saturation).
Sulfhydrate —	Alcool salicyliqué (à saturation).
Carbonate —	Soude.
Benzine.	Eau iodée.
Potasse (1/5).	Salicylate de soude (1/5).
Chlorure de sodium (dissolution saturée).	Permanganate de potasse (1/20).
Chaux vive et eau de chaux.	Sulfate de cuivre (1/5).
Polysulfure de calcium (1/5).	Nitrate d'argent (1/1000).
Sulfate de fer (1/5).	Sublimé corrosif (1/5000).
Sulfate de quinine (1/10).	Camphre bichloré Cazeneuve (solution alcoolique saturée).
Borate de soude (1/5).	Chloral (3/100).
Hyposulfite de soude (1/2).	Acétate d'alumine (1/200).
Acide tannique (1/5).	Acide picrique (solution saturée).
Acide lactique.	Naphthaline (solution alcoolique à 2/100).
Iodoforme (dissolution alcoolique saturée).	Acide benzoïque (2/100).
Iodoforme en poudre.	Essence d'eucalyptus (1/800).
Silicate de potasse (1/200).	Essence de thym (1/800).
Eau oxygénée.	Acide formique.
Eau arsénicale (saturée et chaude).	Essence de girofle.
Chlorure de zinc.	Phénate de soude.
Chlorure de manganèse.	Huile phosphorée.
Essence de térébenthine.	Solution de sucre (à la température de 35°).
Camphre monochloré Cazeneuve (solution alcoolique saturée).	
Jus d'ail.	
Jus de citron.	
Nicotine.	

**B. — Action de gaz ou de substances employées à l'état de vapeurs
sur le virus FRAIS.**

NE DÉTRUISENT PAS LA VIRULENCE.	DÉTRUISENT LA VIRULENCE.
Ammoniaque.	Brome.
Acide sulfureux.	Chlore.
Chloroforme.	Sulfure de carbone.
Hydrogène sulfuré.	Vapeurs d'essence de thym.
Ozone.	— — d'eucalyptus.

**C. — Action de substances liquides ou gazeuses sur le virus
DESSÉCHÉ.**

NE DÉTRUISENT PAS LA VIRULENCE.	DÉTRUISENT LA VIRULENCE.
LIQUIDES OU SOLUTIONS.	LIQUIDES OU SOLUTIONS.
Acide oxalique.	Acide phénique (2/100).
Permanganate de potasse.	— salicylique (1/1000).
Soude.	Nitrate d'argent (1/1000).
	Sulfate de cuivre (1/5).
	Acide chlorhydrique (1/2).
GAZ OU VAPEURS.	Acide borique (1/5).
	Alcool salicylique (à saturation).
	Sublimé (1/1000).
Chlore.	
Sulfure de carbone.	
Vapeurs d'essence de thym.	GAZ OU VAPEURS.
— — d'eucalyptus.	Brome.

Il ne faudrait pas donner une valeur *absolue* aux résultats
exposés dans ces tableaux, ils ne valent que dans les conditions où les expériences ont été réalisées, c'est-à-dire pour
quarante-huit heures de contact. Afin d'arriver à comparer

la résistance du virus pour telle ou telle substance, il était nécessaire de se placer dans des conditions identiques de temps et de quantité. Mais il est possible que des substances impuissantes à annihiler le contage par une action continuée pendant deux jours seulement finissent par le détruire à la suite d'un contact prolongé pendant quatre, cinq ou six jours. Nous nous en sommes assurés pour quelques-unes. Si l'on soumet du virus desséché à l'action des vapeurs de thymol ou d'eucalyptol, au bout de quarante-huit heures l'inoculation de ce virus est toujours positive; après soixante-dix heures, elle occasionne souvent une tumeur qui reste localisée et dont les sujets guérissent en acquérant l'immunité; enfin, après cent heures, elle donne des résultats négatifs. Nous dirons plus loin quel parti on peut tirer de l'emploi d'agents chimiques en graduant le temps ou le titre de la solution, pour l'atténuation du virus bactérien.

Entrons dans quelques commentaires relatifs aux résultats obtenus. On remarquera d'abord que plusieurs substances, préconisées unanimement comme antiseptiques, sont sans effet sur le virus même à l'état frais. L'alcool pur, camphré ou phéniqué, que les chirurgiens emploient volontiers pour le lavage de leurs instruments ne peut donner ici qu'une sécurité illusoire. La chaux, que les hygiénistes recommandent de jeter sur les cadavres des animaux charbonneux et dont ils font badigeonner les murs, est dans le même cas; au moment de son hydratation et par la chaleur dégagée, il y a probablement quelques microbes de détruits, ceux qui se trouvent à la surface, en contact immédiat avec elle, mais à une profondeur insignifiante ils ont conservé toute leur activité. Nous avons coupé, dans des tumeurs charbonneuses, de très minces lanières musculaires, et nous les avons enrobées et enfouies dans de la chaux vive. Triturées après quarante-huit heures de contact, elles nous ont fourni un liquide très actif. Les badigeonnages au silicate de potasse sont également sans action sur le virus.

L'inefficacité de l'acide tannique nous porte à nous demander si le tannage des cuirs est vraiment propre à détruire la virulence; la réponse est négative pour la salaison, le chlorure de sodium n'a pas de prise sur le microbe. Nous étions curieux de savoir si le sulfate de quinine, si recommandé dans les affections paludéennes, vraisemblablement de nature microbienne, aurait quelque action ici et fournirait une ressource au thérapeutiste; il s'est montré radicalement impuissant.

L'ammoniaque et tous ses composés sont dans le même cas; constatation importante pour les mesures à prendre vis-à-vis des fumiers et du purin. Le transport dans les champs et l'épandage d'engrais contaminés sont un mode de dissémination du contage. Au point de vue de la thérapeutique, il n'y a pas lieu de compter, comme on le faisait, sur l'efficacité de l'acétate d'ammoniaque. L'emploi du sulfate de fer ou du chlorure de manganèse a été recommandé à plusieurs reprises pour la désinfection des fumiers, des fosses à purin, des égouts; ces substances laissent entière la virulence des débris charbonneux. L'eau de Saint-Luc, qui est une solution de chlorure de zinc mise journellement en usage dans les hôpitaux comme désinfectante, est sans action ici.

Les heureux résultats que la thérapeutique retire de l'emploi de l'acide arsénieux, sous ses diverses formes médicamenteuses, dans les affections parasitaires et les succès qu'on dit en avoir obtenus, en ces derniers temps, contre la malaria, nous ont engagés à étudier l'action de cette substance sur la bactérie du charbon symptomatique. Nous avons constaté son impuissance complète à le détruire. Il en fut de même du jus de citron, si vanté dans le croup, et du jus d'ail dont on a parlé à nouveau récemment dans le traitement de la rage.

Nos expériences nous ont montré avec une constance désespérante que l'acide sulfureux, agent héroïque de destruction pour quelques parasites élevés en organisation ainsi que pour quelques virus, et dont, à ce titre, les fumigations sont recommandées très fréquemment comme désinfectantes, n'a pas de prise sur le microbe du charbon bactérien. Le chlore, le sulfure de carbone, les essences de thym, d'eucalyptus, de girofle qui agissent sur le virus frais, sont impuissantes sur le virus desséché. Seul, de toutes les substances que nous avons employées à l'état de vapeurs, le brome s'est montré capable de détruire le virus sec, seul il nous inspire une sécurité complète. L'essence de térébenthine, recommandée par M. Pasteur pour la destruction du *Bacillus anthracis*, n'a pas d'efficacité contre le *Bacterium Chauvœi*. Il en est de même de l'eau oxygénée. Présentée comme un moyen d'arriver à la distinction des virus à éléments figurés qu'elle détruirait et des virus amorphes qu'elle laisserait intacts, vantée même comme un moyen d'atténuation et de transformation du virus bactérien en vaccin (1), elle s'est montrée constamment impuissante entre nos mains. Nous nous sommes servi d'eau titrant 10, 13 et même 15, et nous l'avons laissée de quatre à quatre-vingt-seize heures en présence du virus enfermé dans des tubes scellés à la lampe. Toujours les résultats ont été négatifs, toujours le virus a conservé toute son activité et a tué les cobayes d'expériences.

L'hydrogène sulfuré auquel M. de Froschaüer a reconnu la propriété d'arrêter le développement de quelques moisissures, et que, par induction, Zundel a proposé pour le trai-

(1) Nocard et Mollereau, in *Bulletin de l'Académie de médecine*, 1883, p. 3.

tement du charbon bactérien (1) n'a pas davantage d'action sur son virus.

En tête des substances actives se placent le sublimé corrosif dont la solution au 1/5000 est encore antivirulente; le nitrate d'agent qui, au 1/1000, est sûrement dans le même cas, qui, au 1/5000, a une action sur laquelle on ne peut compter avec sécurité, et qui, au 1/10000, est impuissant; l'acide salicylique, actif dans ses solutions jusqu'au 1/1000, est impuissant à 1|2000; le thymol et l'eucalyptol, dont les solutions à 1/800 sont très efficaces; puis vient l'acide phénique qui à 2/100 est efficace et dont le bas prix doit faire un des désinfectants ordinaires.

Nous avons recherché combien de temps il est nécessaire que les solutions d'acide phénique à 2/100 et celles d'acide salicylique à 1/1000 soient en contact avec le ferment charbonneux pour l'annihiler. Nos expériences nous ont appris qu'il faut au minimum *huit heures* quand il s'agit de virus frais et qu'il ne faut pas moins de *quinze à vingt heures* pour le virus desséché.

L'action qu'exerce l'alcool sur l'acide phénique nous paraît également du plus haut intérêt au point de vue chirurgical.

Il vient d'être dit que l'acide phénique est un antiseptique sur lequel on peut compter, même quand il est dilué dans l'eau au 2/100. Qu'au lieu de faire une solution aqueuse, on fasse dissoudre dans l'alcool, aussitôt l'acide phénique n'agit plus sur le microbe; qu'on fasse des solutions étendues au 2/100, ou bien qu'on les concentre jusqu'à saturation, le résultat est le même. Koch a déjà constaté pour d'autres virus à spores un fait analogue. Par contre, l'acide salicylique et la naphtaline dissous dans l'alcool conservent toute leur puissance antiseptique. La chimie nous fera peut-

____

(1) *Recueil de médecine vétérinaire*, 1882, p. 1045.

être connaître un jour quelles réactions s'opèrent par le mélange d'acide phénique et d'alcool, quelles combinaisons nouvelles en résultent et comment la nocivité du ferment charbonneux est respectée. C'est probablement à un effet de ce genre qu'il faut attribuer le défaut d'action de l'iodoforme sur la bactérie charbonneuse. Voilà effectivement un corps qui renferme 96,4 pour 100 d'iode, c'est-à-dire du métalloïde le plus destructeur du virus bactérien, et qui, combiné à trois parties de carbone et à des traces d'hydrogène, devient impuissant.

Nous venons de dire que l'addition d'alcool à l'acide phénique enlevait à ce dernier corps ses remarquables propriétés antivirulentes, bien qu'il en augmentât la solubilité. Nous avons recherché s'il en était de même de la soude qu'on mélange souvent aussi avec lui dans le même but. Il n'en est rien heureusement, la propriété microbicide est entièrement conservée. Aussi nous recommandons aux chirurgiens de recourir de préférence à la soude pour aider à la dissolution de l'acide phénique cristallisé et d'abandonner complètement l'emploi de l'alcool.

CHAPITRE VI

AFFAIBLISSEMENT, RÉCUPÉRATION ET AUGMENTATION DES PROPRIÉTÉS
VIRULENTES DE LA BACTÉRIE CHARBONNEUSE. — CONSÉQUENCES AP-
PLICABLES A L'ÉTIOLOGIE ET A LA POLICE SANITAIRE.

Les résultats exposés dans le chapitre précédent ont
appris qu'avant d'être détruite, la bactérie charbonneuse
subit une modification de ses propriétés toxiques qui vont
en s'affaiblissant graduellement. On a pu suivre ces trans-
formations successives à propos de l'action de la chaleur
et de plusieurs agents chimiques tels que le nitrate d'argent,
l'alcool phéniqué, le glycose, etc. Il est nécessaire de les
examiner de près.

ARTICLE PREMIER

AFFAIBLISSEMENT DE LA VIRULENCE DU *BACTERIUM CHAUVŒI.*

Quelque idée que l'on se fasse du mode d'action des microbes pathogènes, il est acquis que leur virulence n'est
point une fonction immuable, toujours la même, essentiel-
lement liée à leur existence, mais qu'elle est contingente,
susceptible de diminuer ou de s'accroître et dépendante de
conditions dont quelques-unes nous sont connues, mais dont
le plus grand nombre se dérobe encore à nous.

L'examen des variations de la virulence fait naître dans
l'esprit, toujours avide de connaître la raison des choses,

plusieurs questions auxquelles nous avons tenté de répondre, avant d'aller plus loin.

La propriété virulente est-elle liée aux mouvements des microbes? Quand on examine des liquides où ils fourmillent, on les voit, comme il a été dit précédemment, doués d'une mobilité extrême : ils tournoient sur eux-mêmes, se présentent tantôt par une extrémité, tantôt par une autre, s'enfoncent et remontent à la surface du liquide. Les granulations sont plus mobiles encore que les bactéries. Si l'on range ces mouvements dans le groupe de ceux qu'on appelle spontanés et qu'on les assimile à ceux des zoospores ou mieux des Oscillariées et des Palmelles, il est bon de se demander si la mobilité de ces corps protoplasmiques est liée à leurs propriétés nocives et si la destruction de celles-ci entraîne l'anéantissement de celles-là. Pour résoudre la question, nous avons cherché des substances dont les vapeurs n'ont pas d'action corrosive et destructive des bactéries, mais qui néanmoins en anéantissent complètement les propriétés virulentes. Les essences d'eucalyptus et de thym sont dans ce cas. Mis en contact pendant quarante-huit heures avec les vapeurs qu'elles laissent dégager, le virus frais devient inoffensif et son inoculation ne donne rien. Pourtant l'examen microscopique montre les microbes doués de leur mobilité normale et s'agitant comme à l'ordinaire dans le liquide qui les contient. Leurs formes ne sont point altérées, ils continuent à vivre, à jouir de toutes leurs propriétés sauf la toxicité. Si l'on soumet un pareil virus à l'évaporation par le vide, de façon à dégager le thymol ou l'eucalyptol, qu'on l'inocule ensuite, il continue à rester inactif.

Nous sommes donc autorisés à conclure que la mobilité et la virulence ne sont pas étroitement liées l'une à l'autre, et que la deuxième est anéantie avant que la première soit atteinte.

Ce point élucidé, revenons en arrière.

Nous savons maintenant qu'un liquide de virulence ordinaire, soumis par l'expérimentateur à des influences physiques ou chimiques, perd en totalité ou en partie son pouvoir virulent, suivant l'intensité d'action de l'agent en contact avec lui. Qu'arrive-t-il dans les conditions ordinaires de la pratique, lorsqu'il est abandonné aux seules influences atmosphériques et telluriques, sans intervention humaine?

On a été édifié sur les cas, les moins nombreux assurément, où le virus tombe sur un corps non poreux et s'y dessèche promptement ou est projeté dans l'eau. Nous n'y reviendrons pas; il nous reste à examiner ce qu'il advient lorsqu'il est déposé dans la terre.

Deux circonstances peuvent se présenter. Le cadavre est resté sur le sol et les liquides virulents qui se sont échappés des ouvertures naturelles ou des cavités splanchniques se sont infiltrés dans la couche arable, mais à une profondeur qui ne dépasse pas 5 à 10 centimètres en raison de leur petite quantité et de la porosité de la terre. Dans ce cas le virus, qui ne peut se dessécher complètement et rapidement, s'atténue, s'affaiblit assez vite, sous l'influence de l'air et de la lumière qui pénètrent dans la terre et peut être aussi attaqué par quelques-uns des microbes qui pullulent dans le sol, tels que ceux de la nitrification, de la dénitrification, etc., puis il disparaît entièrement. La composition chimique et l'état physique du sol ont évidemment une influence marquée sur les modifications que subit le virus; il y a de fortes probabilités pour qu'un terrain argileux, en raison de sa compacité et de la résistance qu'il oppose à la pénétration des agents atmosphériques, conserve plus longtemps le virus avec sa virulence ordinaire qu'une terre légère, silico-calcaire par exemple.

L'expérience suivante montre l'affaiblissement du virus frais déposé dans la terre à une faible profondeur.

21 *février* 1886. — Une terrine a été préalablement remplie à moitié de terre stérilisée par la calcination ; on verse sur cette terre du liquide de pulpe très virulent provenant d'un cobaye qui vient de succomber au charbon bactérien, on recouvre d'une couche de $0^m,07$ de la même terre stérilisée et l'on abandonne le tout dans un coin de jardin.

Le 3 juin suivant, soit *quatre-vingt-dix-huit jours* après, on prélève un peu de terre dans la couche contaminée, on la délaye dans quantité suffisante d'eau pure, on filtre et on inocule deux cobayes à la cuisse en même temps que deux rats blancs. Le lendemain, léger engorgement au point d'inoculation sur les cobayes, rien chez les rats.

Deux jours après tout était rentré dans l'ordre.

Éprouvés treize jours après, les cobayes ont résisté, preuve sans réplique qu'on leur avait inoculé avec l'eau de lavage un virus affaibli et devenu vaccinal.

Nous donnerons, d'ailleurs, dans un instant, une autre preuve de la présence de ce virus affaibli au point où nous l'avions déposé.

En Italie, M. Gotti a obtenu des résultats du même ordre en expérimentant sur de la terre recueillie dans la commune de San Arcangelo, où sévissait depuis longtemps le charbon symptomatique (1).

Il peut arriver que le virus soit déposé plus profondément dans la terre, à $0^m,40$, $0^m,60$, $0^m,80$, 1 mètre et au delà, par suite de l'enfouissement du cadavre ou de toute autre circonstance. La conservation en est plus longue que dans le premier cas et peut-être y a-t-il multiplication des microbes, car le virus est soustrait aux causes d'affaiblissement et de destruction signalées plus haut ; à mesure que le temps s'écoule, la terre se tasse, elle s'oppose davantage à la péné-

(1) Gotti, Quelques recherches sur le charbon symptomatique des bêtes bovines, in *Memorie della R. Accademia delle scienze delle Instituto di Bologna*, série 4, t. VI, 1885.

tration des agents atmosphériques et met mieux le *Bacterium Chauvœi* dans les conditions de la vie sans air qui sont les siennes.

Nous ne pouvons dire avec précision la durée de la conservation de tels germes dans un sol ou un sous-sol infectés, mais elle est considérable. M. Gotti en a donné une preuve indéniable. Dans un pré faisant partie d'un domaine où depuis plusieurs années le charbon symptomatique n'avait pas été constaté, il fit recueillir de la terre à $0^m,40$ de profondeur sous gazon. L'eau de lavage de cette terre, inoculée d'abord au cobaye, le fit mourir ; le liquide de pulpe extrait des muscles de ce cobaye et inoculé à la génisse la fit périr avec les signes les mieux caractérisés du charbon symptomatique. Une autre génisse inoculée directement avec l'eau de lavage de la même terre fut très malade, mais guérit et acquit l'immunité.

La grande durée, au sein de la terre, de plusieurs germes pathogènes est d'ailleurs un fait acquis aujourd'hui. Qu'une circonstance vienne ramener ces ferments à la surface du sol (et tout le monde connaît la démonstration donnée par M. Pasteur sur le rôle des lombrics dans ces apports), qu'ils pénètrent dans un organisme doué de réceptivité, leurs funestes effets se manifesteront.

Bien que le moment de nous en expliquer complètement ne soit pas encore arrivé, nous devons pourtant dès maintenant dire au lecteur que le virus affaibli fait l'office de vaccin vis-à-vis du virus fort et que son inoculation confère au sujet qui le reçoit l'immunité pour le virus non atténué. Il importe de se pénétrer que l'état vaccinal d'un virus n'est qu'une phase, un stade de son affaiblissement, quelle que soit la cause, la condition déterminante de cet affaiblissement. En voici une preuve basée sur la facile évaporation de l'alcool :

6 novembre 1882. — On fait un mélange de virus et d'alcool phéniqué, lequel mélange, essayé après quarante-huit heures de contact, a conservé toute son activité et tue le cobaye. On laisse ce mélange dans le laboratoire, recouvert d'une feuille de papier simplement posée sur le verre pour empêcher les impuretés de le souiller, mais laissant l'évaporation de l'alcool se produire.

Le 14 novembre, après huit jours d'évaporation de l'alcool, le mélange ne tue plus le cobaye et le vaccine.

Le 14 décembre, la proportion d'alcool ayant diminué de plus en plus et l'acide phénique étant en quelque sorte en dissolution simplement aqueuse, le microbe est tué, l'inoculation ne produit rien sur le cobaye et ne le préserve plus des effets de l'inoculation du virus actif.

Lorsqu'on met le virus bactérien en contact avec des agents destinés à l'affaiblir ou à le détruire, on se heurte parfois à une singularité qui mérite d'être notée. L'affaiblissement ne semble pas s'exercer sur le virus en contact direct avec l'agent atténuant ou destructeur, mais seulement sur le virus de seconde génération provenant de l'animal mort à la suite de l'inoculation du premier virus. En voici un exemple choisi parmi plusieurs autres :

10 novembre 1882. — Du virus charbonneux est laissé pendant quarante-huit heures mélangé à une solution concentrée de chlorure de zinc, puis inoculé à deux cobayes qui succombent de la quarantième à la cinquantième heure. Avec les muscles de la cuisse fortement tuméfiée d'un de ces cobayes, on prépare un liquide de pulpe dont on injecte 4 gouttes dans la cuisse d'un jeune cobaye. Cet animal résiste à cette inoculation, ainsi qu'à une injection d'épreuve. Le liquide qui lui avait été poussé dans la cuisse était donc vaccinal.

Il a été démontré que le virus frais et liquide s'affaiblit, s'atténue et se détruit plus facilement et plus promptement que lorsqu'il a été desséché. Si l'on se rappelle qu'une immersion de deux minutes dans l'eau bouillante suffit pour le détruire à l'état frais, tandis qu'il est nécessaire de l'y laisser pendant deux heures s'il est sec pour produire le même résultat, on est amené à conclure que la résistance du contage desséché est environ soixante fois plus grande que celle du virus frais. Cette grande différence dans la résistance aux causes de destruction entre le virus frais et le virus desséché ne tiendrait-elle point à ce que le second serait constitué par des spores dont la vitalité est bien supérieure à celle du mycélium qui constituerait presque uniquement le premier? On l'a soutenu pour le *Bacillus anthracis* et le fait a été prouvé pour beaucoup de Schyzomycètes et de champignons d'ordre plus élevé. L'examen microscopique du virus bactérien frais y montre, à côté de bâtonnets sans spores, un grand nombre de bactéries sporulées à une seule ou à leurs deux extrémités et des spores libres en abondance. Quelque idée que l'on se fasse de ces spores, qu'on les appelle corpuscules ou cellules durables, si on les soumet pendant deux minutes à l'eau bouillante, libres ou encore enclavées dans le mycélium producteur, elles sont détruites, tandis que si elles ont été desséchées préalablement à 33°, elles acquièrent une telle résistance qu'il faut deux heures de chauffage dans l'eau bouillante pour les anéantir. Est-ce parce que, dans le premier cas, elles sont en voie de développement? Serait-ce plutôt parce que, rejetées hors de l'organisme où elles évoluent facilement, desséchées et placées dans un milieu moins favorable, elles se sont adaptées à de nouvelles conditions et ont acquis une puissance de résistance beaucoup plus considérable, nécessaire en quelque sorte pour assurer la pérennité de l'espèce? Ou bien enfin, serait-ce simplement parce qu'elles se sont comme racornies en se desséchant et qu'elles rendent alors plus difficile la pénétration et l'attaque de l'eau et des substances antiseptique

On a dû remarquer qu'il n'y a pas de proportionnalité entre la causticité d'une substance et ses effets vis-à-vis des bactéries. Telle substance, le chlorure de zinc, par exemple,

qui, appliquée sur les tissus des êtres supérieurs, les cor-
rode et les désorganise, a peu d'action sur le microbe
charbonneux et l'atténue simplement si le contact est suffisamment prolongé. Nous avons laissé du virus pendant
quarante-huit heures dans une solution à 1/10. Au bout de
ce temps, il n'avait point perdu son activité, l'inoculation
nous l'a démontré. Le fait est encore plus frappant avec
l'acide lactique concentré. Par opposition, des substances
d'origine végétale, telles que le thymol et l'eucalyptol qu'on
odore avec plaisir, qui n'attaquent pas ou attaquent d'une
façon insignifiante les tissus, tuent promptement le contage
charbonneux.

Il est possible que la propriété microbicide de quelques
corps tienne à ce qu'ils sont eux-mêmes des produits de fermentations similaires à celles produites par les microbes
qu'ils détruisent. Tel est peut-être le cas du phénol qui,
formé pendant et par la fermentation putride, ainsi que l'ont
prouvé plusieurs savants, entre autres M. Baumann, est un
bon antiseptique pour les microbes de cet ordre.

Il n'y a pas de comparaison possible à établir entre la
susceptibilité des êtres supérieurs, animaux ou végétaux,
vis-à-vis de substances qui sont pour eux toxiques ou indiffé-
rentes et celle des microbes. Il n'y en a pas non plus à établir pour les microbes entre eux. Tel végète dans une
solution d'acide salicylique ou d'acide arsénieux qui tue net
tel autre. Celui-ci évolue à merveille dans le sulfate de fer
ou la glycérine. Tel agent qui jouit avec raison de la répu-
tation d'excellent antiseptique, quand on le juge d'après ses
effets sur certains ferments ou virus, ne la mérite plus lorsqu'on le met en présence de quelque autre. Par exemple,
l'acide sulfureux, qui détruit rapidement le ferment de la
septicémie gangréneuse de l'homme, respecte celui du
charbon symptomatique; cette différence est telle que nous

avons pu l'utiliser à séparer ces deux microbes dans un mélange où nous les avions intentionnellement associés. Fait très important qui démontre qu'il est possible de susbtituer l'usage des agents antiseptiques à la méthode des cultures successives pour opérer la séparation des germes virulents. On ne saurait trop le répéter, parce que c'est une vérité méconnue tous les jours, les recherches actuelles doivent tendre à la détermination d'antiseptiques spéciaux à chaque maladie contagieuse ; on ne peut pas généraliser. Ce n'est que lorsque cette détermination sera faite que la thérapeutique des maladies contagieuses et leur prophylaxie deviendront rationnelles.

ARTICLE II

RÉCUPÉRATION ET AUGMENTATION DE LA VIRULENCE DU *BACTERIUM CHAUVŒI*.

§ Ier.

Récupération de la virulence primitive.

S'il est établi que la virulence normale d'un microphyte nosogène peut s'affaiblir au point de cesser d'être appréciable par les moyens dont nous disposons, nous ne savons pas si elle peut disparaître complètement sans que la mort et la destruction de l'organisme dont elle émane en soient la conséquence. Nous constatons seulement que quelques microbes infectieux, ceux du rouget du porc et du choléra des poules entre autres, peuvent perdre rapidement la virulence qui se traduit par la mort ou la vaccination des animaux inoculés, sans cesser de vivre, de se multiplier en série de générations. On ne connaît point encore dans ces cas le moyen de raviver la virulence éteinte.

D'autres microbes affaiblis se reproduisent avec l'atténuation acquise et forment ainsi des races précieuses pour la pratique des inoculations préventives.

Nous nous sommes attachés avec soin à rechercher comment se comporte, à cet égard, le bactérium du charbon symptomatique. Il n'est pas de ceux qui perdent leur propriété virulente aussi fortement que le rouget ; on peut l'amoindrir considérablement, mais non la faire disparaître totalement, à moins de tuer le microbe. Tant que celui-ci végète, sa nocivité persiste, amoindrie, latente, mais prête à se manifester si des conditions favorables se présentent.

Le déterminisme des conditions capables de redonner au virus atténué son activité première nous a beaucoup préoccupés. Nous avons trouvé que l'on peut y arriver, soit en choisissant des sujets dans l'organisme desquels il se régénère, soit en agissant directement sur lui.

Si l'on prend du virus chauffé à 100° pendant sept heures, il est atténué, il ne tue plus les animaux adultes, mais leur confère seulement une légère immunité facile à vaincre.

Qu'au lieu de choisir un animal adulte pour sujet d'inoculation, on prenne un petit cobaye qui vient de naître, on le fera mourir en cinquante heures avec une tumeur charbonneuse. Le virus a retrouvé dans son organisme ses propriétés premières.

On peut encore arriver à tuer un animal adulte en lui inoculant des doses massives de virus charbonneux atténué, la qualité est remplacée par la quantité, et une fois la résistance organique vaincue, le virus se régénère dans le sujet d'expérience qui succombe. L'expérience qui suit en fournit la preuve :

15 *octobre* 1881. — On prend quatre cobayes qu'on partage en deux séries de deux chacune. Les deux sujets de la première série reçoivent chacun 1/2 centigramme de pulpe chauffée à 85°. Ceux de la deuxième série reçoivent chacun 3 centigrammes de la même pulpe. Ils meu-

rent en quarante-huit heures, tandis que les deux premiers résistent ; éprouvés dix jours plus tard avec du virus frais, ces animaux ont bien supporté l'épreuve.

Nous avons aussi trouvé le moyen de redonner au virus très affaibli sa virulence première en agissant directement sur lui : Il suffit d'ajouter à l'eau dans laquelle on le délaye 1/5 d'acide lactique et de laisser ce mélange ainsi acidulé de cinq à six heures en contact. Après ce temps, l'inoculation du virus primitivement atténué communique à coup sûr la maladie charbonneuse mortelle.

Nous relevons dans notre registre, à titre d'exemple, l'expérience suivante :

3 *juin* 1886. — On prend 2 centigrammes de virus sec, très atténué par une température de 105° prolongée pendant sept heures, qu'on délaye dans 1/2 centimètre cube d'eau distillée. Le liquide qui résulte de cette manœuvre est divisé en deux parties égales et placé dans deux petits verres à réactifs stérilisés ; le contenu de l'un est additionné de trois gouttes d'acide lactique, tandis que le contenu de l'autre ne reçoit rien. On abandonne les liquides à eux-mêmes pendant cinq heures, puis on inocule, en se servant de deux seringues stérilisées, chaque liquide à deux cobayes. Par surcroît de précaution, on inocule 2 gouttes d'acide lactique pur également à deux cobayes.

Les deux animaux qui avaient reçu le virus traité par l'acide lactique moururent l'un à la vingt-quatrième et l'autre à la trentième heure, tandis que les quatre autres cobayes résistèrent.

Ce n'est pas seulement quand le virus a été atténué artificiellement par l'homme qu'il peut être régénéré au moyen de l'acide lactique, mais encore quand il s'est affaibli spontanément dans la terre par l'action naturelle des divers agents physiques. En voici la preuve :

3 *juin* 1886. — A 7 centimètres de profondeur, on prélève un peu de terre arrosée quatre-vingt-dix-huit jours auparavant de liquide charbonneux très actif, on la soumet à un lavage dans quantité suffisante d'eau pure, on filtre sur une simple feuille de papier. Dix grammes

de cette eau filtrée sont prélevés et placés par parties égales dans des verres à réactif. Dans l'un de ces verres, on laisse tomber 8 gouttes d'acide lactique, et l'on n'ajoute rien à l'autre. Après six heures de contact, on pratique des inoculations sur deux lots de cobayes. Les animaux du lot qui reçurent dans la cuisse l'eau de lavage non additionnée d'acide lactique résistèrent à l'inoculation et gagnèrent l'immunité, ceux qui furent inoculés avec l'eau acidulée par l'acide lactique moururent vers la vingt-cinquième heure.

La recherche des germes virulents dans le sol est toujours une opération longue, difficile, nécessitant des cultures successives pour les isoler, et encore n'arrive-t-on pas toujours à retrouver la virulence si l'on possède les microbes.

L'action remarquable de l'acide lactique sur ceux du charbon symptomatique fournit un moyen des plus simples de les retrouver dans les terrains infectés. En agissant sur l'eau de lavage de ces terrains, comme il vient d'être dit dans l'expérience précédente, et inoculant ensuite l'eau ainsi traitée à une série d'animaux, on a les plus grandes chances de leur communiquer le charbon emphysémateux.

Une fois la virulence récupérée, elle se conserve avec son activité normale et elle produit ses conséquences fatales tant que les actions précédemment indiquées ne viennent pas l'affaiblir et l'atténuer à nouveau. Le protoplasma constituant des microbes, lors de l'atténuation, n'avait été que gêné temporairement, soit dans l'élaboration du principe toxique qui cause la mort, soit dans sa puissance de prolifération, soit dans l'une et l'autre.

En tous cas, il ne nous a jamais été possible de fixer l'atténuation obtenue et de créer, comme cela se fait pour d'autres virus, des races de microbes atténués se perpétuant avec leurs propriétés nouvellement acquises.

§ II.

Augmentation des propriétés virulentes.

De même que l'activité d'un virus s'affaiblit, elle peut aussi s'exalter. L'observation de la marche des épidémies et des épizooties, avec leurs périodes d'augment où la mort est aussi rapide que sûre et leurs périodes de déclin où elle est plus lente et la guérison moins rare, l'avaient fait pressentir. Nous allons montrer expérimentalement qu'on peut communiquer au virus du charbon symptomatique une activité de beaucoup supérieure à celle qu'on lui connaît habituellement.

La mort étant la terminaison ordinaire du charbon, la mesure de la virulence ne peut être déterminée que par le temps qui s'écoule entre le moment de l'inoculation et celui où le décès se produit, toutes choses étant égales quant à la quantité de virus inoculée, à la voie d'introduction dans l'économie, à l'âge, au poids, au sexe, à l'espèce et au régime des animaux d'expérience.

Dans les conditions ordinaires, si l'on prend un cobaye adulte, et qu'on lui pousse dans le tissu musculaire de la cuisse 3 gouttes de liquide de pulpe musculaire provenant d'un animal qui vient de succomber au charbon spontané ou inoculé, on va déterminer l'apparition d'une tumeur au point inoculé et la mort arrivera de la quarantième à la cinquantième heure.

Il est possible de faire évoluer la maladie plus rapidement et d'amener le dénouement à la dix-huitième, à la quinzième et même à la douzième heure ; ce qui revient à dire que l'activité du virus a été doublée, triplée et même quadruplée.

Pour cela, c'est encore à l'acide lactique que nous avons

recours. On peut l'employer seul en le mélangeant au liquide virulent normal dans les proportions indiquées à propos des virus atténués et laissant en contact de vingt-quatre à trente heures avant d'inoculer. Mais si on le mélange à une faible quantité d'eau additionnée d'un sucre très fermentescible et que, sous cet état, on le verse dans le liquide virulent, qu'on laisse s'écouler trente heures avant d'inoculer, on communique à celui-ci une activité maximum. L'expérience suivante donnera au lecteur une bonne idée de ce qui se passe dans ce cas :

2 *avril* 1885. — On prend deux lots de trois cobayes chacun. Un lot est inoculé avec du liquide de pulpe musculaire ordinaire, l'autre reçoit la même quantité du même liquide auquel on a ajouté, trente heures avant l'inoculation, un mélange d'eau sucrée et d'acide lactique.

Les trois cobayes du premier lot meurent de la *quarantième* à la *quarante-huitième* heure.

Ceux du second succombent à la *douzième*, à la *treizième* et à la *quinzième* heure.

L'augmentation de la virulence se produit donc d'une façon très nette, sans que nous sachions au surplus à quoi elle tient.

Il nous est arrivé aussi d'obtenir cette exaltation de la virulence en nous servant de la chaleur. En chauffant à 70° pendant deux heures dix minutes, de telle sorte que nous touchions à la limite où le microbe est détruit, nous avons vu mourir les animaux dix-huit ou vingt heures après l'inoculation de ces produits ainsi chauffés.

Nous avons déjà appelé l'attention sur d'autres modifications subies par le virus dans cette circonstance (Voy. p. 140), mais comme celles-ci ne se produisent pas avec la constance qui est la règle quand on se sert de l'acide lactique, nous n'y insistons pas pour le moment.

ARTICLE III

CONSÉQUENCES APPLICABLES A L'ÉTIOLOGIE ET A LA POLICE SANITAIRE.

Les notions que nous venons d'acquérir sur la physiologie du microbe du charbon bactérien nous ont montré que dans la lutte pour la vie que se livrent tous les êtres, celui-ci est doué d'une vitalité qui lui permet de résister longtemps aux causes de destruction et d'évoluer parallèlement à d'autres germes. Privilège redoutable qui vient s'ajouter à la rapidité de sa multiplication et nous donner une première explication de la réapparition des épizooties charbonneuses.

Ce n'est pas tout. Si, avec le temps, il s'affaiblit, nous avons vu qu'il est capable de récupérer sa virulence première, tant qu'il n'est pas entièrement détruit, et d'exalter son activité normale : nouveaux apanages qui nous éclairent sur ses ravages sans cesse renouvelés.

Des conséquences de deux ordres se dégagent de ces connaissances : les unes ont trait à l'étiologie de la maladie, les autres aux mesures de police sanitaire à lui appliquer.

§ Ier.

Applications à l'étiologie du charbon symptomatique.

Il n'est pas discutable qu'avec le nombre et la résistance vitale des ferments morbides, tout serait péril en la nature si ces ferments ne s'atténuaient pas, ne devenaient à un moment donné des préservatifs, des vaccins contre eux-mêmes, si à leur présence et comme déterminantes de leur nocivité ne venaient s'ajouter des conditions nécessaires de réceptivité tenant à l'espèce, à l'âge, à la nourriture, à la température, etc.

Nous avons vu que, déposés dans la couche superficielle du sol, ceux du charbon symptomatique s'affaiblissent dans l'espace de quelques mois et qu'ainsi s'éloignent les chances de contamination du bétail. Malheureusement nous avons appris aussi que ces microbes atténués peuvent retrouver leur virulence première au contact de l'acide lactique. Or les conditions de la production naturelle de cet acide à la surface du sol ne doivent pas être rares; les substances sucrées qui y sont déposées sont abondantes et les chimistes ont montré que les matières organiques y sont en voie constante de décomposition par l'action des organismes qui y pullulent, d'où formation de produits dérivés parmi lesquels on cite l'alcool, dont les recherches de M. Müntz ont décelé la présence dans la terre, les eaux et même l'atmosphère (1). Si l'on accepte cette hypothèse, rien d'impossible à ce qu'au contact de l'acide lactique ainsi formé, l'atténuation ne disparaisse et que les microbes ne retrouvent leur virulence première.

On comprend aisément que dans les pays d'industrie laitière, où la fermentation lactique s'opère journellement sur le lait et ses dérivés, les chances de dissémination du ferment lactique et de production d'acide de même nom sont plus grandes; plus grandes aussi conséquemment sont les chances de contact entre les microbes du charbon et ceux de cet acide. Cette relation causale ne dévoile-t-elle point les raisons probables de la grande fréquence du charbon symptomatique dans tous les pays d'industrie beurrière ou fromagère et sa rareté relative dans les contrées où l'on se livre seulement à l'engraissement ou à l'élevage ?

(1) Sur la présence de l'alcool dans le sol, les eaux et l'atmosphère, in *Comptes rendus de l'Acad. des sciences*, année 1881, 1ᵉʳ semestre, p. 499.

Serait-ce à une action de même ordre, c'est-à-dire à la présence d'acide lactique ou sarcolactique en quantité suffisante dans les tissus de sujets d'espèce, d'âge et de sexe déterminés, qu'il faut attribuer leur susceptibilité spéciale pour le charbon et leur réceptivité, qui en fait un milieu choisi pour la pullulation du *Bacterium Chauvœi?* Dans cet ordre d'idées, l'esprit n'est-il pas conduit à soupçonner des modifications de même nature chez les animaux qui succombent à la suite de l'inoculation de vaccins, alors que leurs compagnons d'étable inoculés préventivement comme eux, avec le même virus atténué, résistent et acquièrent l'immunité?

§ II.

Applications à la police sanitaire du charbon symptomatique.

La nature parasitaire et infectieuse du charbon bactérien fait rentrer cette maladie dans le groupe de celles qui exigent des mesures de police sanitaire lors de son apparition dans une étable. Nous allons examiner celles qui nous paraissent devoir être appliquées : 1° au cadavre; 2° à l'étable où est mort l'animal et aux objets qui ont été en contact avec lui; 3° aux autres animaux de cette même étable.

A. *Mesures applicables au cadavre.* — Le procédé le plus recommandable et qui nous semble le mieux sauvegarder les intérêts de l'hygiène et de l'agriculture est celui qu'a imaginé M. A. Girard : Prendre une cuve de dimensions suffisantes pour recevoir le cadavre en entier, y déposer celui-ci et la remplir d'acide sulfurique concentré à 60°, en quantité suffisante pour que le corps baigne totalement. Il y a une dissolution assez rapide du cadavre, qu'on peut d'ailleurs hâter en ajoutant de l'acide sulfurique pour renforcer celui qui s'est affaibli par suite de sa dilution par les liquides organiques. Il y a formation d'un magma à la surface duquel surnage la graisse qu'on peut enlever et utiliser; en ajoutant à ce magma des coprolithes, on produit du superphosphate de chaux azoté, c'est-à-dire un engrais précieux et l'on a la certitude absolue de la destruction complète des organismes virulents. Ce procédé, nous le reconnaissons, n'est guère à la portée que des grands propriétaires. Si l'établissement de cuves communales, où les petits cultivateurs pourraient venir traiter de la façon indiquée les cadavres des animaux morts dans leurs étables, ne présente pas trop de difficultés pratiques, nous en suggérons l'idée.

A défaut de leur emploi, lorsqu'un clos d'équarrissage existe dans le voisinage, il faut y conduire le cadavre. Si l'on avait la certitude que dans les clos d'équarrissage les cadavres sont toujours jetés en entier dans la chaudière et soumis à une température très élevée, la sécurité serait complète. Malheureusement quelques équarrisseurs ne se font aucun scrupule de dépouiller de leur peau les animaux morts de maladies contagieuses. Il peut y avoir de ce chef dissémination du virus, puisque nos études expérimentales nous ont appris que ni la chaux ni le tannin ne sont capables de le détruire. Aussi une surveillance sévère des établissements d'équarrissage est-elle à désirer.

Dans les régions boisées où le combustible est à bas prix, l'incinération complète des cadavres charbonneux pourra être pratiquée avec avantage. Quinze à vingt fagots, quelques bottes de paille, deux ou trois litres de pétrole, suffiraient pour anéantir les germes charbonneux qui sont généralement encore à l'état frais. Le cadavre serait grossièrement dépecé, les débris et les viscères seraient séparés par des couches de combustible, puis le tout serait arrosé de pétrole. On établirait ainsi un bûcher d'une grande puissance et d'un prix peu élevé.

Dans l'Inde, où les maladies infectieuses sont communes, M. J. Mill (de Bombay) a fait construire des fours en terre pour l'incinération des cadavres des animaux morts de ces maladies. MM. Jacques et Kuborn ont inventé dans le même but un appareil qui porte leur nom. Il n'y aurait que des éloges à adresser aux communes qui feraient installer cet appareil sur leur territoire pour se débarrasser des cadavres suspects ou dangereux.

Nous ne recommandons l'enfouissement qu'en dernière ligne et quand il n'y a pas possibilité de faire autrement, parce que la durée des germes déposés profondément dans la terre est énorme et constitue un danger longtemps persistant, et aussi parce que les débris cadavériques, qui fournissent à l'agriculture un engrais très riche, sont perdus dans ce cas. L'enfouissement ne nous paraît pouvoir être pratiqué que dans des charniers communaux. C'est un moyen de concentrer les germes sur un seul point, et en entourant le charnier de clôtures de façon à empêcher les animaux d'y aller paître, il y a moins de chances de dissémination ultérieure du contage.

L'établissement de charniers communaux, entré déjà dans la pratique de quelques communes (1), est un progrès important comparé à la fâcheuse habitude que l'on a encore dans la plus grande partie de la France rurale, de pratiquer l'enfouissement des animaux morts de tous côtés dans la campagne, ou même de les abandonner sur la lisière des bois, dans de vieilles carrières, etc., sans les enterrer.

Le peu de temps nécessaire à l'eau bouillante pour détruire le virus frais démontre que la cuisson des viandes

---

(1) Voyez l'arrêté de M. le préfet de la Haute-Marne, *Journal de médecine vétérinaire et de zootechnie*, année 1881, p. 132.

charbonneuses les rend inoffensives et qu'ainsi traitées elles
pourraient être utilisées pour la nourriture des porcs et des
volailles. Mais la cuisson est nécessairement précédée du
dépecage et c'est là qu'est le danger. Aussi n'osons-nous
pas prendre la responsabilité de recommander une pareille
utilisation des cadavres, et conseillons-nous plutôt leur destruction. Pour empêcher toute tentative d'enlèvement des
cuirs et des viandes que la cupidité pourrait inspirer, comme
aussi pour assurer la destruction de la virulence, on pourra
taillader la peau et les chairs et y faire pénétrer une solution de sublimé, de sulfate de cuivre, d'acide phénique ou
de goudron.

B. *Mesures à appliquer aux étables, aux litières, aux fourrages, aux harnais, etc.* — Si l'animal est mort à l'étable, il
faut brûler les litières, fumiers et fourrages qui ont pu être
pollués tant par les spumosités qui s'échappent des narines
ou de la bouche que par le liquide sanguinolent qui s'é-
coule de l'anus. Puis pratiquer immédiatement le lavage du
sol de l'étable, de la crèche, des harnais, des couvertures
et des linges qui ont pu être souillés, de la voiture qui a
servi au transport du cadavre, et cela le plus tôt possible,
car la destruction du virus frais est beaucoup plus facile
que celle du virus desséché. Pour effectuer ce lavage, si
le sublimé n'était pas un agent aussi dangereux à manier,
nous n'hésiterions point à lui accorder la préférence ; mais
son activité nous fait un devoir de recommander, si l'on
en fait usage, de surveiller avec grand soin l'écoulement
des eaux qui le tiennent en solution, afin qu'elles ne puissent
amener d'intoxication. Les dissolutions de sulfate de cuivre,
d'acide phénique au 2/100, d'acide salicylique au 1/1000
nous paraissent devoir être utilisées. Celles d'eucalyptol
et de thymol au 1/800 sont dans le même cas, si toutefois
leur prix ne met un obstacle à leur emploi en vétérinaire.

Les désinfectants gazeux ne sont pas à conseiller pour la destruction du virus qui nous occupe, mais on pourrait se servir avec avantage, particulièrement pour la désinfection des couvertures, d'étuves à vapeur humide sous pression et dont la température monte à 125°.

Si l'animal est mort dans un champ ou dans une prairie, il faut recommander de pratiquer l'écobuage à l'endroit où il est tombé et qu'il a souillé de spumosités virulentes.

Les injections au sulfure de carbone, exécutées de la façon indiquée pour la destruction du phylloxera, pourraient peut-être être recommandées dans les champs maudits. Peut-être aussi dans le même ordre d'idées pourrait-on essayer, pour la désinfection du sol, la submersion avec de l'eau tenant une substance antiseptique en dissolution.

Les instruments et les pièces de pansement dont le praticien aura pu se servir devront être lavés à l'alcool salicylé, au phénate de soude, mais point à l'alcool phéniqué, comme nous l'avons expliqué. On pourra également recourir aux solutions d'essence de thymol ou d'eucalyptol. La durée du contact nécessaire aux meilleurs antiseptiques pour détruire l'activité des bactéries conduit à penser que, dans un grand nombre de cas, il vaudrait mieux préférer la chaleur élevée aux antiseptiques liquides pour détruire rapidement les microbes fixés aux instruments. L'étuve à bain d'huile peut rendre de bons services dans ce but.

En Suisse, une indemnité est accordée aux propriétaires pour les dédommager de la perte des objets qu'il a fallu détruire pour que la désinfection fût complète, celle-ci s'exécutant sous les yeux et d'après les indications du délégué sanitaire. C'est un moyen de rendre la désinfection absolument efficace, et il serait bon d'examiner si nous ne pourrions, en France, entrer dans cette voie. Quand la désinfection a été pratiquée consciencieusement, rien ne s'oppose à ce qu'on introduise des animaux à l'étable quatre ou cinq jours après.

C. *Mesures à appliquer aux animaux d'une étable où ont apparu des cas de charbon.* — Nos recherches expérimentales corroborant l'observation des praticiens ont montré que le mode de contagion dite volatile, c'est-à-dire s'exerçant de l'animal malade à ses voisins par l'intermédiaire de l'air, n'est pas à redouter dans le charbon symptomatique. Ce qui est dangereux, ce n'est pas le malade, qui d'ailleurs succombe très rapidement, c'est le cadavre et ce sont les objets contaminés par les liquides virulents qui s'en échappent.

Partant de ces données, *l'abatage obligatoire des malades n'est pas une mesure utile*, mais leur isolement devra néanmoins être ordonné, car il est contraire aux règles de la prudence de laisser volontairement infecter une place de l'étable, si petite soit-elle. Les malades étant voués à une mort presque certaine, on les conduira dans un local inhabité où n'ont pas accès les animaux de l'espèce bovine. Quant à la *séquestration*, au cantonnement du bétail des étables dans lesquelles des cas de charbon bactérien ont eu lieu, ce *sont là des mesures gênantes qu'il n'y a pas d'indication de prendre en cette occasion*. Les mesures de désinfection sont les seules qui ressortent de l'étude expérimentale du charbon symptomatique et des connaissances acquises sur son microbe producteur; une séquestration de quatre mois, telle qu'elle est indiquée pour le sang-de-rate, n'a pas de raison d'être ici.

Le principe d'une indemnité à allouer au propriétaire d'un animal qu'on ferait abattre pour cause de charbon symptomatique ne nous paraît pas devoir être admis, puisqu'il n'y a ni nécessité ni utilité d'abatage, puisque la terminaison du mal est à peu près toujours mortelle, et enfin parce que sa marche rapide permettrait rarement au vétérinaire délégué d'arriver à temps pour trouver l'animal encore vivant.

Mais comme les animaux des étables ou des fermes infectées sont exposés, ainsi que cela est arrivé pour ceux qui ont succombé, à rencontrer à leur tour des germes quelque part, dans les aliments, les boissons ou ailleurs, à devenir ainsi des foyers de multiplication des microbes pathogènes et à périr, l'inoculation préventive destinée à écarter ces éventualités devrait être rendue obligatoire pour ces animaux. D'une façon générale, nous pensons qu'en face de toutes les maladies contagieuses pour lesquelles on est actuellement en possession d'un vaccin qui a fait ses preuves, le législateur devrait rendre l'inoculation préventive obligatoire dans les fermes ou les localités infectées, à charge par lui d'indemniser les propriétaires des pertes résultant de la vaccination.

Il faut qu'il soit bien entendu que l'inoculation n'a de raison d'être pratiquée que dans les localités où frappe le charbon. Ce serait une opération inopportune, sans indications et sans utilité, que de la pratiquer là où la maladie ne sévit point, ou même d'y soumettre toutes les bêtes bovines d'une ferme suspecte. Nous dirons plus loin quels sont les animaux à inoculer.

Sous cette forme, l'intervention de la loi serait plus tutélaire pour l'éleveur dont elle défendrait le bétail et très probablement moins lourde pour le Trésor, que l'indemnité d'abatage fournie aujourd'hui pour quelques maladies transmissibles. En effet, cette indemnité d'abatage a trop souvent pour résultat de confirmer le paysan dans l'insouciance et la routine; elle l'empêche de prendre l'initiative de mesures prophylactiques par la certitude où il est que l'État lui payera la totalité ou partie de la valeur des animaux qu'il laisse succomber dans son étable à ces sortes d'affections.

Pour ces motifs, nous le répétons, l'inoculation préventive devrait être rendue obligatoire pour le charbon symptomatique, ainsi que pour toutes les maladies contagieuses pour lesquelles on possède un vaccin sûr et un procédé pratique d'introduction du produit vaccinal dans l'économie. Nous pensons pouvoir dire, sans être taxés d'immodestie, que le virus bactérien atténué par la chaleur et inoculé sous la peau de la queue remplit ces deux dernières conditions.

Cette obligation aurait pour corollaire le payement d'une indemnité au propriétaire des animaux qui auraient succombé à l'opération. C'est d'ailleurs ce qui a été adopté législativement dans le canton de Berne. Actuellement, M. le Ministre de l'agriculture pourrait réserver, sans injustice, les indemnités de l'État aux propriétaires qui auraient réclamé la vaccination ; les cultivateurs imprévoyants ne devraient pas avoir droit à la même sollicitude que ceux qui ont fait leur possible pour arriver à protéger leur bétail contre une maladie qui ne guérit que très exceptionnellement.

Le charbon symptomatique n'étant pas désigné spécialement dans la loi du 21 juillet 1881, où figure seulement le terme général de Charbon sans qualificatif, quelques personnes pourraient se poser la question de savoir si, légalement, elles peuvent faire appliquer les mesures de désinfection dont il a été question. La réponse ne nous semble pas douteuse : par l'expression générale de charbon, le législateur a entendu désigner toutes les maladies autrefois confondues sous ce nom. Il n'est pas admissible que les recherches récentes qui ont montré l'agent spécifique du charbon symptomatique et prouvé expérimentalement sa nature contagieuse aient pour conséquence son élimination du groupe des affections visées par la loi du 21 juillet 1881, parce que le microbe spécial à cette affection n'est pas le *Bacillus anthracis*.

Toutefois, pour éviter toute divergence d'interprétation, il serait utile de profiter de la latitude laissée par l'article 2 de la loi du 21 juillet 1881, ainsi conçu :

« Un décret du Président de la République, rendu sur le rapport du Ministre de l'agriculture et du commerce, après avis du Comité consultatif des épizooties, pourra ajouter à la nomenclature des maladies réputées contagieuses, dans chacune des espèces d'animaux énoncées ci-dessus, toutes autres maladies contagieuses, dénommées ou non, qui prendront un caractère dangereux.

« Les dispositions de la présente loi pourront être étendues, par un décret rendu dans la même forme, aux animaux d'espèces autres que celles ci-dessus désignées. »

Aussi émettons-nous le vœu de voir un prochain décret inscrire le charbon symptomatique parmi les maladies auxquelles il convient d'appliquer des mesures de police sanitaire. En attendant, le Congrès vétérinaire réuni à Paris, en octobre 1885, a demandé que la partie du règlement d'administration publique visant la police sanitaire du charbon soit modifiée de façon à englober le charbon symptomatique et le sang-de-rate, sous réserve que le premier soit l'objet de mesures spéciales appropriées à son étiologie et à sa pathogénie.

CHAPITRE VII

L'objet principal que nous nous étions proposé, en entreprenant une étude sur le charbon symptomatique, était de vérifier si cette maladie pouvait être regardée comme une forme de la fièvre charbonneuse dont le type est bien connu aujourd'hui.

On sait que ce type, le sang-de-rate, est caractérisé par la présence du *Bacillus anthracis*, dont l'inoculabilité, les effets sur l'organisme, etc., sont parfaitement déterminés. La comparaison des deux maladies à ces divers points de vue pourra éclairer cette question. Les matériaux contenus dans les chapitres précédents et les travaux de Davaine, Brauell, Koch, Pasteur, Chauveau, Toussaint, Chamberland et Strauss, nous fourniront les éléments de cette comparaison.

ARTICLE PREMIER

COMPARAISON DU CHARBON BACTÉRIEN ET DU SANG-DE-RATE AU POINT
DE VUE DE L'INOCULABILITÉ.

A. Le sang-de-rate s'inocule très sûrement à la lancette. Au contraire, le charbon symptomatique se communique très difficilement par piqûres. Nous avons vu plus haut que la transmission de la maladie par ce moyen n'avait lieu que dans des cas où le virus présentait une grande activité et était puisé dans des ganglions lymphatiques.

Par conséquent il faut une dose de virus beaucoup plus grande pour inoculer le charbon symptomatique que pour inoculer le sang-de-rate.

B. Si l'on inocule les deux virus dans le tissu conjonctif à dose un peu forte, celui du sang-de-rate se borne presque toujours à produire localement une petite aréole inflammatoire accompagnée d'un œdème peu considérable : celui du charbon symptomatique produit, au contraire, les accidents formidables que l'on sait.

Sous le rapport des lésions locales déterminées par l'introduction des virus dans le tissu conjonctif, il existe donc une seconde différence entre les deux affections.

C. La différence que nous avons montrée entre ces deux maladies, quant aux doses nécessaires pour les inoculer à la lancette, est encore plus marquée lorsqu'on introduit la substance infectieuse dans le sang.

Il est presque permis de dire que toute injection de liquides virulents extraits d'un animal mort de sang-de-rate tue infailliblement le sujet inoculé, puisque M. Chauveau communique à certains moutons un sang-de-rate mortel en leur inoculant 600 bâtonnets environ. De plus, l'inoculation intra-veineuse du sang-de-rate a paru à M. Toussaint plus terrible que l'inoculation à la lancette et même que l'injection sous-cutanée, car il a remarqué qu'elle tue plus rapidement le mouton, le cheval et l'âne, et que ce procédé est le seul qui lui ait permis de faire mourir le chien du charbon bactéridien.

Nous avons démontré, au contraire, pour le charbon symptomatique, que les animaux peuvent supporter dans les voies sanguines une quantité incomparablement plus grande de virus.

1, 2, 5 centimètres cubes de suc musculaire injectés dans la jugulaire du bouvillon, du mouton ou de la chèvre, causent un charbon avorté, curable, alors qu'une goutte dans le tissu conjonctif donne la mort. Il faut dépasser ces doses ou se servir de microbes d'une très grande activité pour déterminer par l'injection intraveineuse un charbon bactérien mortel.

Ainsi, quant aux doses nécessaires pour infecter l'organisme et aux effets causés par l'introduction du virus dans les divers milieux organiques, on ne saurait assimiler le charbon symptomatique au sang-de-rate.

ARTICLE II

SYMPTOMATOLOGIE COMPARÉE DU SANG-DE-RATE ET DU CHARBON BACTÉRIEN.

La lecture des symptômes attribués aux animaux atteints de maladies carbunculaires fait voir que, faute de s'être servis du critérium fourni par la présence du *Bacillus anthracis*, les auteurs peuvent aussi bien avoir décrit une maladie infectieuse quelconque ou même une inflammation aiguë non spécifique des organes digestifs, que le charbon. On ne peut guère les en blâmer, car il était impossible à l'observation pure de donner davantage ; il s'est même trouvé des écrivains qui, partisans d'une transmutation étrange des maladies, sont venus affirmer que l'inoculation de produits putrides produisait le charbon.

Aujourd'hui que la méthode expérimentale, rigoureusement appliquée, a assigné au sang-de-rate, au charbon bactérien et à quelques septicémies, chacun son organisme producteur spécial, on peut établir une comparaison entre les symptômes de ces maladies différentes, il suffit de les reproduire dans le laboratoire et de suivre pas à pas les sujets inoculés. C'est ce que nous allons faire pour la *fièvre charbonneuse* et le *charbon symptomatique*.

Dans l'une et l'autre de ces affections, une période d'incubation sépare le moment où le virus est introduit dans l'économie et celui où il manifeste ses effets; mais, d'une manière générale, cette incubation est plus longue pour le sang-de-rate que pour le charbon symptomatique, soit que le bacille n'évolue pas aussi rapidement dans l'organisme que la bactérie, soit que, se développant particulièrement dans le sang ou la lymphe, il ne traduise symptomatologiquement sa présence que quand il est en nombre immense, tandis que la bactérie, plus active, plus phlogogène peut-être, révélerait d'abord son existence et sa multiplication locales, puis envahirait rapidement toute l'économie, au lieu de rester confinée dans l'appareil circulatoire.

C'est donc une erreur absolue de dire que le sang-de-rate est une affection « foudroyante ». Sans doute qu'objectivement il paraît en être ainsi; le cultivateur qui le soir, en distribuant la ration de ses bêtes à cornes, les voit toutes manger avec appétit et qui le lendemain matin, au réveil, trouve un ou plusieurs cadavres, le berger qui, dans son troupeau, voit une brebis prise brusquement d'anhélation, de tremblement, et mourir en deux heures et même moins, ont raison de parler de la soudaineté du mal. Mais le pathologiste qui a suivi pas à pas la bactéridie sait qu'alors qu'elle terrasse les animaux, ceux-ci la possèdent et lui offrent un champ de culture déjà depuis plusieurs heures et le plus souvent depuis plusieurs jours.

Effectivement, dans les inoculations expérimentales faites sur le lapin, ce petit rongeur peut rester de quinze à cent heures, suivant la quantité et l'activité du virus employé, sans présenter de symptômes morbides; il mange et gambade comme ses compagnons de clapier. Tout à coup il paraît inquiet, urine fréquemment; sa respiration s'accélère très rapidement; les battements du cœur deviennent forts et tumultueux, puis diminuent; le coma s'en empare; sa température baisse rapidement à 34°, 32° et même 30°, et la mort arrive quelquefois une heure et demie ou deux heures après l'apparition des premiers symptômes d'inquiétude.

Le mouton se comporte d'une façon qui ressemble beaucoup à celle du lapin. On a vu chez lui la période d'incubation durer neuf jours (Toussaint) et, pendant ce temps, rien ne décelait extérieurement le redoutable travail de multiplication qu'accomplissait la bactéridie dans son organisme. Puis une, deux, trois ou quatre heures seulement avant la mort, l'animal, gai jusque-là, va se placer dans un coin de la bergerie, à l'écart du troupeau; il se met à trembler, se campe de temps en temps pour rendre quelques gouttes d'une urine parfois sanguinolente; il chancelle, tombe et se relève; des crampes et des convulsions apparaissent, la respiration devient rapide, le pouls petit, filant; en quinze à vingt minutes, la température s'élève d'un degré et davantage, et la mort arrive bientôt au milieu de convulsions.

Dans l'espèce bovine, la mort n'est pas si prompte; les symptômes menaçants apparaissent moins brusquement et plus longtemps à l'avance: il y a une teinte jaune-rougeâtre des muqueuses, des frissons; les battements du cœur sont tumultueux et forts, la sécrétion lactée se tarit toujours brusquement, et pour le praticien qui exerce dans un pays ravagé par le sang-de-rate, c'est là un signe de grande valeur. Il y a souvent aussi quelques coliques.

Chez les chevaux, les symptômes reproduisent ceux des bêtes à cornes, mais les sueurs et les coliques sont généralement plus fortes.

Lorsqu'on inocule au cheval et au bœuf le sang-de-rate par piqûres épidermiques ou par injection hypodermique, on voit apparaître au point d'inoculation une tuméfaction chaude, œdémateuse, non crépitante, qui grandit lentement dans tous les sens pendant six à huit jours de façon à acquérir parfois une grosseur considérable. Or, malgré les progrès de cet accident local, les animaux conservent les apparences de la santé jusqu'au quatrième ou au cinquième jour; ils ne semblent gravement malades que quelques heures avant leur mort.

Tout autres sont les caractères du charbon bactérien. S'il se présente sous sa forme symptomatique, on sait que, d'emblée, les signes du mal en indiquent la gravité, et qu'alor qu'on ne voit pas encore de tumeur et de boiterie, les frissons, la fièvre, l'élévation de la température, le refus absolu de toucher aux aliments, font pronostiquer d'ores et déjà un dénoûment fatal.

Si l'on a eu recours à l'inoculation pour produire une tumeur essentielle, il se produit immédiatement sur le cobaye, le mouton et le veau, un travail local. Une tumeur se forme, qui augmente rapidement, détend la peau, devient sonore et crépitante, particulièrement sur le bouvillon, par suite de la formation abondante de gaz. Une boiterie se déclare très vite; six heures après l'inoculation nous avons vu des brebis ne plus s'appuyer sur le membre inoculé, dont la peau commençait à devenir rouge, pour arriver au violacé, puis au noir. La tristesse et l'inappétence se montrent promptement, la première ne fait que s'accentuer de plus en plus, et la mort survient de la dix-huitième à la soixante-dixième heure après l'inoculation.

Quand celle-ci a été faite avec une très petite quantité de virus ou avec un virus affaibli, il peut arriver que ce ne soit pas au lieu d'inoculation que se produise la tumeur, mais ailleurs, sous l'épaule ou à l'encolure, par exemple, quand le dépôt avait été fait à la cuisse ou à la queue, et cela le troisième, le quatrième et même le cinquième jour. Mais, dans ce cas comme dans le précédent, il y a toujours des phénomènes précurseurs, tristesse, inappétence, fièvre, qui indiquent que le mal fait son œuvre.

Il se développe quelquefois plusieurs tumeurs, à la suite d'une seule inoculation, l'une au point où a été déposé le virus et les autres ailleurs ; celles-ci sont en quelque sorte symptomatiques, et le cortège de signes alarmants ne fait pas non plus défaut.

En résumé, quand il y a production de tumeur externe dans la fièvre charbonneuse, ce qui est rare, la lenteur de son évolution, son manque de sonorité par suite de l'absence de gaz et l'état général du sujet, ne permettront pas de confusion avec la tumeur, essentielle ou symptomatique, du charbon emphysémateux, puisque celle-ci évolue rapidement, est toujours sonore, crépitante et laisse échapper des gaz quand on l'incise, et enfin parce que l'état général du sujet est plus grave dès le début.

Tout au plus pourrait-il y avoir indécision dans l'espèce bovine, lorsque la tuméfaction siège dans l'espace intra-maxillaire et au bord antérieur de l'encolure, parce que la suffocation concourt à précipiter le dénouement dans l'une et l'autre occurrence. Mais en s'aidant des caractères différentiels qui ont été ou qui seront indiqués, on arrivera à porter un diagnostic éclairé et certain.

ARTICLE III

COMPARAISON DES LÉSIONS DU SANG DE RATE ET DU CHARBON SYMPTOMATIQUE.

Si on laisse à part les bacilles qui sont très abondants dans les systèmes circulatoires, sanguin ou lymphatique, on peut dire que les lésions du sang-de-rate ne sont ni bien nombreuses ni bien étendues.

Dans la fièvre charbonneuse sans tumeurs externes, qu'elle soit spontanée ou provoquée expérimentalement par l'introduction directe de bactéridies dans les veines, le sang est noir, peu coagulable, du moins chez le cheval ; les veines sont distendues et les artères affaissées, les capillaires souvent obstrués par des paquets de bacilles, notamment dans le mésentère, le poumon, la pie-mère (Toussaint) ; les ruptures vasculaires ne sont pas rares et l'on voit çà et là des suffusions sanguines. Il y a des spumosités dans les bronches. La rate est souvent, mais non toujours, tuméfiée, bosselée. Enfin il y a des traces d'inflammation sur diverses parties de l'intestin, s'il y a eu des coliques pendant la maladie.

Assurément, sans la présence du *Bacillus anthracis* dans le sang et la lymphe, on s'expliquerait difficilement la mort par les lésions trouvées à l'autopsie.

Quand une tumeur a évolué au point d'inoculation, elle est formée par un œdème jaunâtre, *sans gaz*. Les ganglions qu'elle renferme ou qu'elle avoisine sont rouges, mais les muscles ont conservé ou à peu près leur coloration normale, et ne répondent pas à l'idée que le mot charbon éveille dans l'esprit. Ils ne sont pas envahis par le microbe et n'ont pas subi de dégénérescence.

Dans le charbon bactérien, les lésions sont plus nombreuses et les désordres plus considérables. Les systèmes circulatoires ne sont plus le siège principal des altérations, on les voit plutôt dans les tissus conjonctif et musculaire, où se développe et prolifère le *Bacterium Chauvæi*. Le sang a conservé tous ses caractères normaux ; il n'est point diffluent et se coagule promptement dans les gros vaisseaux après la mort, ou hors de l'économie, quand on l'extrait avant qu'elle ne soit arrivée. La rate n'est ni tuméfiée ni bosselée. Mais, ainsi qu'on a pu s'en convaincre par la description des lésions faite précédemment, les appareils locomoteur, digestif, respiratoire, génital et circulatoire, peuvent être plus ou moins gravement atteints.

On peut trouver une seule ou plusieurs tumeurs siégeant sur les points les plus variés et les plus inattendus de l'organisme, depuis les cornets et le diaphragme jusqu'aux muscles abdominaux ou lombaires, mais affectant de préférence l'épaule ou la cuisse. La tumeur, dans toutes ses parties, *est toujours infiltrée de gaz*, en quantité variable, qui séparent parfois les masses musculaires les unes des autres et, parfois, dissocient les parties constituantes. Ces gaz et la tumeur elle-même sont à peu près inodores ; jamais on ne perçoit l'odeur écœurante qui s'échappe des sujets qui ont succombé à la gangrène gazeuse ou à d'autres septicémies. Quand elle se manifeste, on doit conclure qu'à côté de la bactérie charbonneuse, un autre microbe a été introduit dans l'organisme et s'y est développé exclusivement ou parallèlement.

Dans la partie centrale de la tumeur, les muscles ont une coloration noire très caractéristique, très justificative du nom de charbon et montrent accolés au sarcolemme de leurs fibres des microbes en bâtonnets très nombreux. Cette teinte noire passe successivement à la coloration lie-de-vin, au rouge, au rose, à mesure qu'on s'éloigne du centre. Il y a, mais non d'une façon constante, un œdème autour de la tumeur ; il existe surtout quand celle-ci siège dans une région riche en tissu conjonctif à mailles lâches.

Comme dans la fièvre charbonneuse, les ganglions voisins des tumeurs sont hyperhémiés, rouges ou noirs, et, quand il y a eu des coliques au cours de la maladie, ce qui n'est pas rare, on trouve également des plaques inflammatoires sur le trajet du tube digestif.

ARTICLE IV

COMPARAISON DES ESPÈCES DOUÉES DE RÉCEPTIVITÉ POUR LE SANG-DE-RATE
ET LE CHARBON BACTÉRIEN.

L'organisme du rat, du cobaye et du lapin est le milieu le plus favorable à la culture naturelle du microbe du sang-de-rate. La maladie est sûrement inoculée à ces animaux par le derme cutané, le tissu conjonctif lâche et le sang.

En seconde ligne vient se placer le mouton, ensuite le bœuf ; le cheval et l'âne ne jouissent que d'une réceptivité assez faible pour cette affection ; le chien ne prend le sang de rate que par injection intravasculaire (Toussaint) ; enfin, parmi les oiseaux domestiques, la poule est réfractaire dans les conditions de température normale (Pasteur).

Relativement à l'aptitude à prendre le charbon symptomatique, ces animaux ne se rangent pas dans le même ordre. L'organisme du taurillon et du mouton constitue les milieux les plus aptes à l'évolution de la maladie. La chèvre et le cochon d'Inde sont encore des espèces favorables ; pourtant il ne faudrait pas les comparer au bœuf et au mouton. Certains cobayes, surtout les mâles adultes et de forte taille, résistent souvent à des doses considérables du virus. Nous avons obtenu, à ce sujet, des résultats assez extraordinaires. De plus, à la longue, le virus s'épuise partiellement en passant dans l'organisme de cet animal.

Le rat blanc, l'âne et le cheval gagnent simplement des engorgements locaux, chauds et douloureux, qui disparaissent au bout de quelques jours, en laissant un abcès ou un séquestre circonscrit.

Nous n'avons jamais pu communiquer la maladie au chien.

Outre la différence présentée par le cobaye, la plus importante dans cet ordre de faits nous est offerte par le lapin. Cet animal qui est, en quelque sorte, le réactif caractéristique du sang-de-rate, est presque réfractaire au charbon symptomatique.

Nous devons rappeler ici que la fièvre charbonneuse attaque indistinctement des animaux de tous les âges, tandis que le charbon bactérien attaque *particulièrement les jeunes bovidés de six mois à quatre ans*, sans que cependant les adultes soient absolument à l'abri de ses coups, ainsi que nous l'avons dit plus haut ; les veaux, de la naissance au cinquième mois, n'ont qu'une réceptivité assez faible.

ARTICLE V

COMPARAISON DES AGENTS INFECTIEUX DU SANG-DE-RATE ET DU CHARBON BACTÉRIEN.

Nous avons exposé, dans le chapitre premier, les travaux si nombreux exécutés tant en France qu'à l'étranger, desquels il résulte d'une façon nette et qui n'est plus discutée aujourd'hui, que le *Bacillus anthracis* ou ses corpuscules-germes sont les agents exclusifs et nécessaires de la production du sang-de-rate.

Ce bacille n'existe pas dans le charbon bactérien ; il y est remplacé par un microbe que nous avons appelé *Bacterium Chauvœi* et dont nous avons déjà exposé les caractères objectifs ; il est mobile, plus court et plus large que le bacille, sporulé à une ou à ses deux extrémités, se développant mieux dans le vide qu'au contact de l'air. Sa résistance à la chaleur est beaucoup plus considérable, puisqu'il faut, lorsqu'il est frais, le chauffer pendant deux heures à 80°

pour le tuer, tandis que quelques minutes de chauffage à 55° tuent le *B. anthracis*. La résistance des deux microbes est différente aussi en face de certaines substances : l'essence de térébenthine, par exemple, détruit le bacille et n'agit pas sur la bactérie du charbon symptomatique.

Les différences des deux agents virulents existent non seulement dans la forme, la mobilité et la résistance, mais se poursuivent encore dans les modes de développement et de multiplication.

Si on cultive le *Bacillus anthracis* sur le microscope, dans une chambre chaude de Ranvier, au sein d'un liquide organique approprié, il s'allonge, forme de longs filaments à peu près rectilignes, et ceux-ci s'amassent en véritables paquets ou bien s'enroulent les uns autour des autres et prennent une disposition qui rappelle celle des torons d'une corde usée. Puis les longs filaments se divisent en articles, et dans chaque article apparaissent deux spores qui finissent par devenir indépendantes (Koch, Toussaint).

Si l'on traite de la même manière le *Bacterium Chauvœi*, on constate qu'il s'allonge, se segmente en articles courts et, en moins de trois heures, se transforme en corpuscules arrondis.

Il est donc loin de donner le mycélium abondant qui rend la culture de la bactéridie charbonneuse si remarquable.

M. Pasteur a cultivé le *B. anthracis* dans des tubes et des ballons appropriés, au sein de l'urine légèrement alcaline et dans la solution minérale artificielle que cet éminent expérimentateur a employée depuis longtemps pour la culture des ferments. Ce bacille se développe rapidement dans ces cultures ; il donne un mycélium feutré, disposé par touffes que l'on voit très bien par transparence en suspension dans le liquide nourricier. Les filaments de ce mycélium se remplissent de spores, et un certain nombre de celles-ci deviennent libres au milieu du mycélium ou bien se déposent sur les parois des vases où se font ces cultures artificielles.

Les milieux très favorables à la multiplication de ce bacille ne sont pas ceux qui conviennent le mieux au développement du *B. Chauvœi*. Dans l'urine neutre ou acide, le développement est insignifiant. Les liquides les meilleurs pour sa culture nous ont paru être le bouillon de veau additionné de glycérine et de sulfate de fer, comme il est dit précédemment.

Au bout de douze heures, ces cultures deviennent louches, elles tiennent en suspension une masse d'articles courts, sans noyaux, extrèmement mobiles et des microcoques, mais pas de mycélium feutré.

ARTICLE VI

COMPARAISON DU CHARBON BACTÉRIEN ET DU SANG-DE-RATE, AU POINT DE VUE DES RAPPORTS QUI EXISTENT ENTRE LA MÈRE ET LE FŒTUS DANS LE COURS DE CES MALADIES.

En 1857, Brauell (de Dorpat) a constaté que le sang d'un embryon dont la mère est morte du charbon ne transmet pas la maladie (*Virchow's Archiv*). Sept ans plus tard (*Comptes rendus de l'Académie des sciences*, t. LXX, p. 393, 1864), M. Davaine a observé sur deux cobayes qui portaient chacun deux fœtus à terme au moment où il les a inoculés du charbon, que le sang de ces fœtus était tout à fait exempt des filaments du sang-de-rate, tandis que celui des mères et celui de leur placenta même en contenaient par myriades. De 1864 à 1868, il a fait plusieurs fois la même constatation ; de sorte que le placenta maternel lui apparaissait comme un filtre qui retenait en deçà les bactéridies charbonneuses.

Enfin il a confirmé les résultats de l'observation par l'inoculation. « Quatre cobayes furent inoculés, l'un avec le sang du placenta qui contenait des bactéridies, et les trois autres avec celui du cœur, de la rate et du foie du fœtus qui n'en contenait pas. Or le premier cobaye mourut le lendemain, infecté de nombreuses bactéridies, tandis que les trois autres, inoculés avec le sang du fœtus, ne furent nullement malades. » (*Archiv. générales de médecine*, 1868.)

Depuis que M. Chauveau a montré que la brebis transmet à son produit l'immunité conférée contre le sang-de-rate par des inoculations préventives, la contradiction apparente qui existe entre ce fait important et la démonstration péremptoire faite par Davaine de l'absence du principe contagieux dans le sang du fœtus, a fait entreprendre de nouvelles expériences avec l'intention de savoir ce qui se passe spécialement dans les animaux de l'espèce ovine. Les expériences de M. Chauveau, non encore publiées, ont pleinement confirmé les résultats connus : les bactéridies ne gagnent pas les vaisseaux du fœtus, même après la mort de la mère, tant que les altérations cadavériques n'ont pas établi de libres communications entre les deux appareils circulatoires dans le placenta.

Que se passe-t-il dans le cas où la femelle est atteinte du charbon symptomatique? Nous avons trouvé sous ce rapport une nouvelle différence à ajouter à celles que nous avons déjà signalées entre les deux affections; on s'en convaincra par les observations qui suivent.

12 *janvier* 1881. — Nous inoculons une brebis en état de gestation; elle meurt dans la nuit du 13 au 14, avec des lésions caractéristiques. Dans la matinée du 14, à l'autopsie, on trouve dans l'utérus un fœtus mâle; on l'extrait et on le lave avec soin. Ce jeune sujet présente des infarctus dans les muscles de l'abdomen et des régions crurales internes et olécrâniennes du côté droit; le ganglion préscapulaire cor-

respondant est rouge, volumineux. Toutes ces lésions, qui ont objectivement les plus grandes ressemblances avec celles que l'on observe
chez les adultes, renferment les microbes caractéristiques du charbon
symptomatique.

Le 7 *février*, nous faisons une seconde observation dans de bien meilleures conditions. Une brebis pleine meurt ce jour-là du charbon
symptomatique; vingt minutes après la mort, on ouvre l'abdomen; on
enlève l'utérus d'un seul coup avec un instrument propre et flambé, on
divise les parois utérines et les enveloppes fœtales. Pendant que le
liquide allantoïdien et amniotique s'écoule, on coupe le cordon ombi-
lical, on retire rapidement le fœtus et on le porte sous un filet d'eau.
Avant toute chose, on ouvre la poitrine du jeune sujet afin de puiser
dans le cœur, à l'aide d'une seringue à canule capillaire, quelques
gouttes de sang que l'on injecte dans les muscles cruraux d'un cochon
d'Inde. On procède ensuite à l'autopsie du petit cadavre; elle démontre
l'existence de taches ecchymotiques dans la peau de la base de la
queue et dans les muscles grands dentelés; ces taches présentent des
microbes en bâtonnets nucléés. Le sang renferme des micrococoques et
de rares bâtonnets mobiles, dépourvus de spores. Le cochon d'Inde
inoculé avec ce sang présente des lésions typiques et meurt en moins
de quinze heures.

Nous concluons donc de ces faits que le jeune sujet est
affecté dans le sein de la mère de la maladie complète, ce
qui, dans le sang-de-rate, croyait-on, ne se présentait
jamais.

Récemment, MM. Strauss et Chamberland, dans une communication à l'Académie des sciences (1), et M. Perroncito
(de Turin), ont annoncé avoir trouvé *quelquefois* le bacille
du sang-de-rate dans le fœtus, et ils en concluent que la loi
de Brauell-Davaine comporte des exceptions.

Si la différence n'est point, de ce côté, aussi fondamen-
tale que nous le pensions quand nous avons publié ces faits,
elle n'en est pas moins digne d'être notée, puisque la transmission est la règle dans le charbon symptomatique, tandis

(1) Séance du 18 octobre 1882.

qu'elle paraît n'être que l'exception dans le sang-de-rate. Au surplus, dans les cas les plus favorables, MM. Strauss et Chamberland sont obligés de multiplier les bacilles du sang fœtal par la culture pour en obtenir un nombre capable de donner la mort.

Les faits dont nous venons de parler expliquent, dans tous les cas, d'une manière rationnelle, la transmission de l'immunité contre le charbon bactérien de la mère à son produit, comme nous l'avons constaté et le dirons plus loin.

ARTICLE VII

COMPARAISON DES DEUX MALADIES AU POINT DE VUE DE L'INFLUENCE QU'ELLES PEUVENT EXERCER L'UNE SUR L'AUTRE.

On sait que, généralement, la même maladie virulente ne frappe pas deux fois le même sujet, et il a été prouvé que le charbon bactérien et le sang-de-rate se comportent de cette manière. Nous avons amplement démontré, dans le chapitre IV, que le charbon symptomatique récidive rarement lorsque les malades peuvent en guérir, et qu'une première atteinte donne aux animaux l'immunité qui les préserve à l'avenir des effets de la bactérie charbonneuse. Le sang-de-rate bénin préserve aussi d'un sang-de-rate mortel. M. Toussaint et M. Pasteur ont mis ce fait hors de doute par des moyens différents.

Or, puisque ces deux maladies ne récidivent pas, si elles sont de même nature, l'une doit mettre les animaux à l'abri des atteintes de l'autre et réciproquement.

En est-il ainsi? Non. Les moutons doués de l'immunité naturelle contre le sang-de-rate, tels que les moutons barbarins, comme M. Chauveau l'a montré récemment, prennent très facilement le charbon symptomatique : ils le prennent également bien après que l'on a renforcé l'immunité naturelle par l'inoculation de très petites quantités de bacilles. A plus forte raison, les moutons français meurent-ils rapidement du charbon symptomatique lorsqu'on leur a communiqué artificiellement l'immunité contre la bactéridie.

Inversement, les moutons et les cobayes guéris d'un charbon bactérien avorté sont encore très aptes à l'évolution du charbon bactéridien.

Ces faits sont tellement bien établis par les expériences de M. Chauveau et par les nôtres que, dans un but économique, nous échangions nos sujets avec M. Chauveau lorsque nous faisions, de part et d'autre, des expériences sur les inoculations préventives.

Enfin nous eûmes plusieurs fois l'occasion de constater que les deux maladies peuvent évoluer simultanément sur le même animal, côte à côte, chacune avec ses caractères propres, lorsque le sujet est doué de la réceptivité pour les deux virus.

ARTICLE VIII

CONSÉQUENCES.

Les nombreuses différences, la plupart fondamentales, que nous venons de mentionner, nous autorisent à conclure que le charbon symptomatique est une maladie infectieuse, inoculable, distincte du sang-de-rate. Elle ne saurait être regardée comme l'expression périphérique de la fièvre charbonneuse. Il faut donc séparer ces deux affections dans les cadres nosographiques.

Mais il faut retenir que le charbon essentiel et le charbon symptomatique de Chabert sont une seule maladie, comme nous l'avons démontré chapitre iv, page 126.

Reste à faire disparaître dans les termes la confusion que nous venons de détruire dans les faits.

Quel nom conviendrait-il de donner à la maladie dont la spécificité est établie par nos recherches?

Nous pensons qu'il faut conserver à l'affection qui fait l'objet du présent travail le nom de *charbon* en y ajoutant les qualificatifs d'*emphysémateux* ou *symptomatique* avec le complément *du bœuf*, pour rappeler qu'il se développe naturellement d'une manière à peu près exclusive sur l'espèce bovine. Effectivement, c'est l'aspect des tumeurs intra-musculaires de cette maladie qui a été la cause de l'introduction de ce mot dans le langage de la pathologie. Il existe une relation si étroite entre cette dénomination et la lésion prédominante de l'affection qui nous occupe, qu'il serait illogique de déposséder celle-ci d'une désignation qui a été créée pour elle, à cause d'elle et qui lui est si parfaitement adaptée.

Il n'en est pas de même de la maladie déterminée par le *Bacillus anthracis;* aussi le nom de *sang-de-rate* sous lequel on la désigne fréquemment chez nous, ou celui de *fièvre splénique* communément usité à l'étranger, nous semble devoir lui être désormais exclusivement appliqué.

Si les faits que nous venons de publier établissent des limites tranchées entre le sang-de-rate et le charbon symptomatique, il reste à examiner si ce dernier ne doit pas être confondu avec la septicémie.

Par sa physionomie générale, le charbon bactérien se rapproche des affections septicémiques. En effet, son virus provoque la fermentation des substances albuminoïdes des tissus et une infiltration gazeuse. Néanmoins on ne saurait englober, comme Zurn l'a proposé, toutes ces affections sous le même titre, en laissant supposer qu'elles sont toutes identiques et qu'elles reconnaissent toutes la même cause, l'introduction d'une substance putride dans l'organisme.

Aujourd'hui le mot *septicémie* s'applique à des maladies distinctes, dont quelques-unes ont été plus ou moins complètement étudiées dans ces dernières années. Nous connaissons, par exemple, la *septicémie expérimentale* de Davaine, étudiée aussi par M. Vulpian, dont l'agent virulent tue les animaux à dose infinitésimale et augmente d'activité au fur et à mesure qu'il passe à travers un nombre plus grand d'organismes vivants. Nous savons que la *septicémie expérimentale* de M. Pasteur reconnaît pour cause l'évolution d'un vibrion anaérobie qui s'épuise, au contraire, assez rapidement soit dans les cultures artificielles, soit dans les milieux vivants. Cette maladie serait différente de la *septicémie* de Koch et de ses élèves qui évoluerait sur la souris, sous la figure d'un fin bacille, différente de la *septicémie* du lapin dont le microbe est un fin diplocoque, etc.

MM. Chauveau et Arloing ont étudié longuement une autre *septicémie*, connue sous le nom de *septicémie gazeuse* ou *foudroyante, gangrène gazeuse* de l'homme. Nous avons vu cette maladie de très près, et il nous a été facile de la comparer avec le charbon bactérien.

Or cette étude comparative nous permet d'affirmer que la septicémie gazeuse n'est pas identique au charbon symptomatique, conséquemment qu'il faut se garder de confondre ce dernier, sans distinction, avec les septicémies en général.

Ainsi l'agent virulent ne revêt pas absolument les mêmes formes. Dans les lésions musculaires et conjonctives, le microbe des deux affections se ressemble beaucoup. Mais, dans les séreuses, alors que le microbe du charbon symptomatique y est rare ou sous la forme de granulations, celui de la septicémie gazeuse s'y présente fréquemment sous la forme d'un long vibrion.

La résistance des divers microbes des septicémies à l'action des antiseptiques est loin d'être égale. Pour ne citer qu'un exemple, nous dirons que l'exposition à l'acide sulfureux qui se dégage de l'hyposulfite de soude traité par un acide tue le microbe de la septicémie gazeuse et celui de la septicémie du cheval et du lapin, en moins de quarante-huit heures, tandis qu'il laisse la virulence du charbon bactérien intacte. La différence est si nette que l'on pourrait employer l'acide sulfureux comme un moyen analytique pour séparer la septicémie du charbon dans un virus dont la pureté serait suspecte.

Lorsque des virus n'évoluent pas dans les mêmes milieux vivants, on peut en inférer qu'ils sont différents. Sous ce rapport, il ne pourrait y avoir d'hésitation pour les virus que nous étudions, attendu que s'ils ont des milieux communs, ils en ont de spéciaux.

On communique aussi bien le charbon symptomatique que la septicémie gazeuse à la chèvre, au mouton et au cobaye. Mais alors que la septicémie gazeuse évolue sur le rat, le chat, le chien, le cheval, l'âne, le porc, la poule, le canard, le charbon symptomatique ne produit que des effets insignifiants ou nuls sur ces animaux, tandis qu'il cause des effets rapidement mortels sur le bœuf.

On voit donc que des raisons de l'ordre de celles qui nous ont servi à séparer le charbon bactérien du charbon bactéridien nous obligent à détourner certains auteurs de la tendance qu'ils ont à ranger sans réserve le charbon symptomatique dans la septicémie.

D'ores et déjà c'est une maladie particulière qui deviendra peut-être le type d'un groupe d'affections septicémiques, mais dont l'individualité, pour le moment, doit être respectée. Aussi fera-t-on sagement de lui conserver le nom sous lequel Chabert l'a décrite, et auquel nous nous sommes ralliés, en attendant que la science soit parvenue à faire la lumière complète sur les septicémies.

CHAPITRE VIII

Les nombreuses expériences que nous avons entreprises
pour déterminer le mode d'inoculabilité et de transmission
du charbon bactérien nous ont montré qu'en introduisant
le virus naturel dans l'économie animale, d'après certaines conditions de doses et de milieux, on pouvait communiquer un charbon bénin, larvé, qui guérit spontanément en conférant l'immunité aux sujets inoculés.

On arrive au même résultat sans s'astreindre à un aussi
grand nombre de conditions, pourvu que l'on affaiblisse l'activité du virus par des manipulations spéciales.

On peut donc conférer l'immunité contre le charbon bactérien :

1° En inoculant le virus naturel, tel qu'on l'extrait d'une
tumeur fraîche ;

2° En inoculant le virus atténué, transformé en virus vaccinal.

ARTICLE PREMIER

IMMUNITÉ CONFÉRÉE PAR L'INOCULATION DU VIRUS A L'ÉTAT NATUREL.

Nous réussissons à donner l'immunité en insérant le virus
à doses très faibles dans le tissu conjonctif d'un point quel-

conque de l'économie, ou à doses plus considérables dans le
tissu conjonctif sous-cutané d'une région déterminée, dans
les veines et dans les voies respiratoires.

§ Ier

Inoculation dans le tissu conjonctif général.

Lorsqu'on injecte dans le tissu conjonctif sous-cutané ou
intermusculaire d'un animal propre à l'évolution du charbon, à l'aide d'une seringue à canule capillaire, quelques
gouttes de virus, on détermine rapidement la mort avec tous
les symptômes et toutes les lésions caractéristiques du charbon bactérien. Au contraire, si on inocule le virus dans
l'épaisseur du derme, ou sous la peau avec une lancette ou
la pointe d'un scalpel, on ne réussit *presque jamais* à transmettre la maladie.

Ce fait démontre que la dose de virus influe considérablement sur les suites de l'inoculation. Nous savons que
cette influence est ou a été contestée par quelques personnes, mais elle est vivement soutenue par M. Chauveau,
qui a pu en vérifier la valeur dans ses expériences sur la
transmission du sang-de-rate aux moutons algériens. Dans le
cas du charbon symptomatique, elle nous semble indéniable.

Il nous avait paru autrefois que l'insuccès des inoculations
à la lancette tenait probablement à l'influence que le contact
de l'air et des humeurs oxygénées de l'organisme exerçait
sur le microbe du charbon bactérien à la surface ou dans la
profondeur des plaies; tandis que le succès des inoculations
pratiquées profondément, à l'extrémité du trajet suivi par
la canule d'une seringue à injection, reconnaissait pour
cause l'absence du contact de l'air.

La manière dont se comporte le microbe lorsqu'il est mis en rapport avec l'oxygène pur et l'eau oxygénée nous fait abandonner cette interprétation. Mais il ne reste pas moins évident que si l'on parvenait à insérer dans le tissu conjonctif une quantité minime et convenable de microbes infectieux, on provoquerait un charbon léger qui aurait l'immense avantage de donner l'immunité.

Nous réussîmes assez fréquemment, par ce moyen, à conférer l'immunité au cobaye et au mouton. Mais lorsque nous voulûmes régler le manuel et déterminer à coup sûr la dose vaccinale, nous nous trouvâmes en présence de grandes difficultés.

Comment arriver à titrer les liqueurs virulentes extraites des tumeurs charbonneuses?

La dilution des liquides riches en agents virulents est la seule méthode qui permette d'inoculer un très petit nombre de microbes. Malheureusement, on est obligé de faire cette opération sur des sucs dont la virulence est variable, soit parce qu'ils contiennent un nombre plus ou moins grand de microbes, ou que ceux-ci y existent sous des états inégalement actifs en proportions indéterminées, soit parce que l'activité de ces microbes est soumise à des oscillations qu'il est impossible de mesurer rigoureusement. Il faut dire encore que les limites entre lesquelles on peut faire varier ces doses infinitésimales sont tellement rapprochées qu'il est très facile d'en sortir au delà ou en deçà, attendu que l'on doit encore compter avec les différences de susceptibilités individuelles des inoculés. Aussi obtient-on souvent des mécomptes. Telle dilution donne une maladie avortée et vaccine fort bien ; telle autre, préparée en apparence dans les mêmes conditions, tue ou ne produit aucun effet.

Nous pouvons citer des exemples :

25 *janvier* 1881. — On prépare un liquide virulent avec 20 grammes de tumeur et 10 grammes d'eau. On fait ensuite une dilution de ce liquide à 1/32.

Avec cette dilution, on inocule quatre animaux : deux moutons qui en reçoivent chacun quatre gouttes ; deux cobayes, qui en reçoivent chacun deux gouttes. L'un des moutons a gagné l'immunité ; l'autre a pris un charbon symptomatique complet qui l'a tué ; les deux cochons d'Inde ont succombé le 8 février à une inoculation d'épreuve.

15 *janvier* 1881. — On dilue un liquide de pulpe musculaire au 1/16, puis au 1/32. On injecte deux gouttes de chacune de ces dilutions sous la peau de la cuisse de deux cochons d'Inde.

Ces animaux présentent un léger gonflement au point d'inoculation ; mais leur état général reste satisfaisant.

Du 17 janvier au 2 février 1881, on soumet ces sujets à deux inoculations d'épreuve. Ils résistent. Donc ils ont été vaccinés par l'injection du 15 janvier.

Ces expériences démontrent l'existence d'une différence de réceptivité spécifique et de réceptivité individuelle, et par conséquent nous font entrevoir de graves inconvénients à appliquer ce procédé d'inoculation sur une large échelle.

Nous avions pensé que l'une des premières conditions à réaliser pour réussir dans cette entreprise était de trouver une humeur dans laquelle les microbes eussent une virulence égale. Or, comme le sang ne renferme guère que des microcoques et jamais de bactéries sporulées, nous l'avons choisi, de préférence aux liquides extraits des tumeurs, pour faire quelques tentatives.

25 *décembre* 1880. — Avec du sang filtré provenant du cœur d'un mouton mort le matin même du charbon symptomatique, on prépare deux dilutions, l'une au 1/18, l'autre au 1/32. Deux cochons d'Inde reçoivent une goutte de ces solutions dans le tissu conjonctif.

Le cochon d'Inde inoculé avec la solution au 1/18 a été vacciné ; l'autre n'a pas gagné l'immunité.

Certains liquides de l'organisme possèdent quelquefois les

propriétés d'une dilution vaccinale; telle est l'humeur
aqueuse et l'humeur vitrée.

Le 6 décembre 1881, on extrait, avec une seringue à canule piquante,
des chambres antérieure et postérieure de l'œil d'une brebis qui vient
de mourir du charbon symptomatique, 1 centimètre cube de liquide
que l'on injecte sous la peau de la cuisse d'un mouton; on en conserve
quelques gouttes que l'on porte sous le microscope. Dans toute l'étendue de la préparation, on aperçoit tout au plus trois ou quatre microbes.

Le sujet inoculé boite un peu dans la soirée; l'état général est bon.
Le lendemain, la boiterie disparait; mais elle se montre de nouveau
le 11.

Le 12, l'animal boite à peine; le 14, retour à l'état normal.

4 avril 1882. — Curieux de savoir si l'inoculation d'humeur aqueuse
a causé une infection vaccinale, on éprouve le mouton avec du virus
frais et très actif. On obtint un gonflement énorme du membre et de la
boiterie; mais l'animal résista; tout symptôme disparut au bout de
quelques jours. Inoculé de nouveau le 30 avril, ce mouton sortit sain
et sauf de la deuxième épreuve.

Ainsi, dans quelques cas, certaines humeurs contiennent
un assez petit nombre de microbes pour constituer des dilutions vaccinales; mais il est impossible d'ériger une méthode sur un fait aussi aléatoire. Ajoutons que quelques
humeurs se sont montrées très actives, comme la bile, d'autres absolument inactives, comme l'urine.

En résumé, les résultats que nous avons obtenus jusqu'à
ce jour permettent d'affirmer que l'on peut communiquer
l'immunité en insérant une très minime quantité de virus
frais dans le tissu conjonctif lâche de n'importe quelle région
de l'économie. Au point de vue de l'histoire de la méthode
générale des inoculations préventives, ils sont très intéressants; mais il ne faut pas se dissimuler qu'au point de vue
spécial du charbon bactérien, ils n'autorisent guère à
espérer que la dilution du virus naturel constituera un moyen
sûr et efficace de préparer un liquide vaccinal.

§ II

Inoculation dans le tissu conjonctif d'une région déterminée.

Nous avons dit au chapitre II que l'observation clinique avait très rarement permis de constater l'existence de tumeurs symptomatiques sur l'extrémité inférieure des membres (à partir du jarret et du genou) et sur la queue. Nous ajoutions que l'inoculation était venue corroborer artificiellement les résultats cliniques.

Toutefois l'expérimentation nous a montré que le tissu conjonctif sous-cutané de l'extrémité de la queue n'est pas absolument dépourvu de réceptivité pour le virus du charbon bactérien. L'insertion d'une très forte dose de virus peut s'accompagner du développement de tumeurs éloignées et de la mort de l'animal.

Dès lors, nous pouvions prévoir que l'inoculation d'une quantité moyenne de virus sous la peau de l'extrémité libre de la queue communiquerait aux sujets de l'espèce bovine une maladie avortée, semblable à celle qui succède à l'inoculation d'une très petite dose de virus dans le tissu conjonctif d'une autre région de l'organisme.

Cette hypothèse s'est trouvée vérifiée par l'expérience suivante :

6 *mai* 1883. — Génisse bressane âgée d'un an environ. On tente d'injecter sous la peau de l'extrémité de la queue, vers le milieu de la hauteur du toupillon, 1 centimètre cube de virus frais dont quelques gouttes ont tué un cobaye en vingt-quatre heures. L'opération ne réussit pas très bien ; on estime que 1/2 centimètre cube est ressorti du trajet de la seringue.

Néanmoins la température rectale, qui était à 39°,7 au moment de l'injection, monte le lendemain à 40°,1 et redescend le surlendemain à 39°,8. La gaîté et l'appétit n'ont pas été troublés un seul instant.

Le 17 mai, on fait une nouvelle injection. Cette fois on se propose d'inoculer 2 centimètres cubes et de prendre toutes les précautions nécessaires pour éviter la sortie du virus. Pour cela, on pratique trois petites galeries sous-cutanées avec un fin trocart ; on engage successivement la canule de la seringue dans chacune de ces galeries, et l'on y dépose le virus ; on ferme enfin les piqûres à l'aide du collodion.

La température de l'animal, avant l'injection, est 39°,6.

Le 18, la température s'élève à 40°9 ; appétit diminué.

Le 19, la température passe à 40°,5 ; l'appétit reparaît.

Le 20, même température, même état général.

Le 21, la température descend à 39°,8 et s'y maintient les jours suivants.

On regarde l'animal comme hors des atteintes graves du virus. Quant à la portion de la queue qui reçut l'injection, elle est légèrement tuméfiée, sensible à la pression, et elle laisse écouler une très petite quantité de sérosité roussâtre.

Reste à s'assurer si cette génisse a gagné l'immunité.

Le 27 mai, on pousse au sein des muscles de la fesse droite dix gouttes de virus frais très actif ; température rectale 39°,8.

Le 28, gaîté et appétit presque normaux ; pas de tuméfaction ni de boiterie dans le membre qui a reçu l'inoculation ; température rectale 40°.

Le 29, la température est revenue à 39°,8 ; la génisse se porte admirablement bien.

Les inoculations des 6 et 17 lui avaient donc conféré l'immunité d'une manière que l'on peut dire parfaite.

Cette question méritait qu'on l'étudiât attentivement. L'un de nous s'y est consacré et a obtenu des résultats encourageants en insérant, dans le tissu conjonctif souscutané de la région caudale, le virus naturel desséché à la surface d'une petite mèche qu'on introduit à la façon d'un séton (1).

Quoi qu'il en soit, d'après ce qui a été dit à la page 46,

(1) *Bulletin de la Société vétérinaire de la Haute-Marne*, année 1885.

ce procédé exposera d'autant moins à des accidents et confé-
rera néanmoins d'autant mieux l'immunité, qu'il sera
appliqué pendant une saison dont la température sera modérée.

§ III

Injection du virus frais ou desséché dans les veines.

Les sujets de l'espèce bovine et de l'espèce ovine possèdent une grande tolérance pour le virus du charbon symptomatique lorsqu'on leur introduit ce virus dans les veines.

En général, les premiers ne succombent point à l'injection
de 4, 5 et 6 centimètres cubes de liquide extrait d'une tumeur charbonneuse ; les seconds supportent bien 1 à 2 centimètres cubes.

Ces inoculations déterminent quelquefois des frissons, toujours de la tristesse, de l'inappétence et de la fièvre ; la température s'élève d'un à deux degrés au-dessus de la normale ;
mais ces troubles généraux ne durent que deux ou trois jours,
et, après leur disparition, les sujets se montrent réfractaires
à des inoculations ultérieures dans le tissu conjonctif.

Si l'on inocule une matière extrêmement active, ou si l'on
rencontre un animal particulièrement sensible à l'action du
virus, on peut assister à l'évolution complète de l'affection
charbonneuse. On verra se développer une ou plusieurs tumeurs, ou bien le microbe envahira presque tous les tissus
et viscères ; l'animal succombera. On sera exposé à assister
à l'évolution d'une tumeur si l'animal est porteur de quelque contusion profonde au moment où l'on pratique l'injection intra-veineuse.

Laissant de côté ces cas exceptionnels, on peut dire qu'il
est très remarquable de constater que l'introduction du virus
dans le sang cause un charbon larvé qui prémunit les ani-

maux contre le développement ultérieur d'une tumeur habituellement mortelle.

Le microbe ne manifeste pas son action, en tant que ferment des matières albuminoïdes, au milieu de la masse sanguine. Néanmoins il s'y multiplie, ainsi qu'en témoignent des expériences spéciales que nous avons entreprises sur ce point de sa physiologie, et il suffira qu'il franchisse la barrière endothéliale des vaisseaux pour qu'il exerce une influence funeste sur l'organisme.

Les animaux supportent aussi très bien l'injection intra-veineuse du virus desséché à 32°, comme le démontre l'exemple suivant :

19 *janvier* 1883. — On délaye 1 centigramme de virus dans 2 centimètres cubes d'eau en y apportant le plus grand soin. On filtre ensuite à travers un linge fin pour retenir les grumeaux.

Le liquide filtré est injecté dans la jugulaire d'un mouton ; température rectale, 40°.

Le 20, la température monte à 41°,1.

Le 21, elle descend à 40°,5.

Le 22, elle est revenue à l'état normal.

Au surplus, l'appétit de l'animal n'a pas été troublé un seul instant.

Le 29 janvier, on éprouve ce mouton en injectant six gouttes de suc musculaire frais, très virulent, dans les muscles de la fesse droite.

Le lendemain, le jarret droit est chaud, légèrement tuméfié ; la boiterie est assez forte ; mais le surlendemain la boiterie et la tuméfaction diminuent et tout rentre dans l'ordre.

Le mouton a donc été vacciné par l'injection du virus sec, comme il l'aurait été avec le virus frais. Mais l'emploi du virus sec expose à des accidents emboliques.

Il vaut mieux s'adresser au virus frais qui n'offre pas ces inconvénients au même degré. C'est donc du virus frais que nous allons parler.

Il n'est pas nécessaire d'injecter dans le sang une quantité considérable de virus à l'état naturel pour faire apparaitre un charbon bénin, avorté, capable de conférer l'immunité. Nous avons réussi à obtenir cet heureux résultat sur le mouton, en injectant 3/10 de goutte de virus ; nous l'obtenons couramment sur les animaux de l'espèce bovine, en inoculant 3, 5 ou 10 gouttes. Quand l'inoculation est faite avec une aussi petite quantité de virus, les troubles généraux de la santé sont insignifiants ; le thermomètre seul accuse quelques dérangements ; la température rectale monte de 2 à 4 dixièmes de degré.

Par la constance de leurs effets, par la facilité de se procurer les virus, les injections intra-veineuses nous ont paru constituer un excellent moyen de conférer l'immunité aux animaux de l'espèce bovine. Mais il présente quelques difficultés qui résultent du danger de faire fausse route lorsqu'on pratique l'injection. Pour atténuer ce danger, nous nous sommes appliqués à régler minutieusement le manuel opératoire. Nous estimons avoir réussi à rendre l'emploi des injections intra-veineuses à peu près complètement inoffensif.

Avant de pratiquer une inoculation préventive par la voie sanguine, il faut préparer le liquide virulent et choisir les instruments et ustensiles nécessaires à l'opération.

1° *Préparation du liquide virulent.* — On a lu précédemment que 3/10 de goutte de liquide de pulpe musculaire avaient suffi pour conférer l'immunité au mouton ; 3, 5, 10 gouttes, pour le bœuf. Il n'est donc pas nécessaire d'employer une dose bien considérable d'agents virulents pour vacciner un jeune animal de l'espèce bovine ; on peut compter sur un bon résultat en employant 10 gouttes de liquide de pulpe musculaire.

Pour obtenir le virus, nous inoculons un cobaye, et, lorsqu'il a succombé, nous préparons une pulpe musculaire avec deux parties de muscles pris dans sa tumeur et une partie d'eau ; nous la pressons dans un linge, puis nous filtrons le liquide extrait de cette pulpe sur deux à trois doubles de toile batiste.

Lorsque le liquide virulent est obtenu, nous l'associons à telle quantité d'eau nécessaire pour faire une dilution au 1/5.

La dilution a pour but de faciliter le maniement de la dose vaccinale et de rendre les accidents moins redoutables dans le cas où il s'échapperait quelques gouttelettes de liquide en dehors de la veine pendant l'injection.

2 à 3 centimètres cubes de cette dilution suffiront à inoculer un animal de un à trois ans.

On aura soin d'agiter la solution chaque fois qu'on y puisera la dose nécessaire à un animal, afin de mettre les microbes uniformément en suspension dans la masse liquide, car ils tombent toujours au fond en vertu de leur densité.

2° *Instruments et ustensiles*. — Les instruments nécessaires pour faire l'inoculation sont :

1° Une seringue graduée pouvant contenir 4 centimètres cubes de liquide, munie de canules piquantes capillaires ;

2° Deux paires de pinces à dissection ; les pinces à artères, dont les branches sont maintenues rapprochées par un ressort à cran, sont préférables ;

3° Un bistouri convexe et un bistouri droit ;

4° Une paire de ciseaux courbes ;

5° Une aiguille à suture et du fil ;

6° Deux linges (essuie-mains).

Avant d'opérer, il est important de flamber ou de plonger les instruments tranchants un instant dans l'eau bouillante. Le fil à ligature doit être maintenu dans une solution d'acide salicylique à 2/1000.

L'adaptation exacte de la canule sur la seringue sera assurée par une petite garniture de stéarine ou de paraffine fondue, pour éviter que le liquide ne vienne sourdre entre ces deux organes au cours de l'injection.

Opération. — L'injection est poussée dans l'une des jugulaires, sur l'animal couché, afin d'éviter des accidents qui pourraient lui coûter la vie.

S'il s'agit d'un animal jeune et de petite taille, on le maintient couché sur une table ou un établi pour qu'il soit mieux à portée de l'opérateur ; s'il s'agit d'un animal plus âgé, on le couche sur un lit de paille.

Quand le sujet est couché, l'opérateur aspire 2 1/2 à 3 centimètres cubes de dilution virulente avec la seringue ; il lave ensuite à grande eau la canule et la surface entière de l'instrument pour les débarrasser des microbes qui pourraient s'y trouver ; puis il retire légèrement le piston, en tenant la seringue relevée, afin d'aspirer dans le corps de pompe le liquide virulent enfermé dans la canule. La seringue est dès lors préparée, il suffit de la maintenir verticalement ou obliquement, la canule en l'air, jusqu'au moment de l'injection.

Ensuite, il faut découvrir la veine, et, pour éviter de faire fausse route lorsqu'on voudra la ponctionner, il importe de la dénuder complètement.

L'opérateur choisira la veine droite ou la veine gauche, à sa convenance ; il se placera à genoux, en arrière de l'encolure ; son aide se mettra en face.

La tête du sujet sera maintenue de façon qu'elle fasse un angle droit avec l'encolure.

L'aide presse sur la gouttière de la jugulaire en bas du cou, afin d'amener la distension de la veine. L'opérateur fait avec le bistouri convexe une incision longitudinale de 6 à 8 centimètres au niveau du bord antérieur de la saillie formée par la veine. Cette incision intéresse la peau et le muscle peaucier cervico-facial près du bord inférieur du mastoïdo-huméral.

Il saisit ensuite alternativement les bords de l'incision faite au peaucier avec les pinces à fermeture automatique ; puis, confiant la pince inférieure à son aide, il divise les lames de tissu conjonctif qui entourent la jugulaire avec le bistouri droit. Comme ce tissu forme plusieurs gaines minces emboîtées les unes dans les autres, il doit saisir et écarter plusieurs fois les bords des incisions faites sur ces gaines successives. La dénudation est complète lorsqu'on voit, entre le feuillet que l'on soulève et les parois de la veine, de petits tractus conjonctifs déliés, au sein desquels existent les vaisseaux et les nerfs destinés aux parois de la jugulaire.

Pendant cette partie de l'opération, l'aide a étanché le sang avec l'un des linges indiqués à l'instrumentation.

Arrive le temps le plus délicat, l'*injection*. L'opérateur saisit la seringue, se rend compte de son état de propreté, puis vient se placer à genoux, près du bout du nez de l'animal, en regardant dans la direction de la gouttière de la jugulaire.

La pince supérieure est confiée à un second aide (d'ordinaire celui qui maintient la tête de l'animal) ; la gaine de la veine est maintenue entr'ouverte ; la pince inférieure est abandonnée à son propre poids. Le premier aide fait de nouveau gonfler la jugulaire, la fixe ainsi dans sa position et en distend les parois.

Il est important d'abandonner simplement à elle-même la pince qui est fixée sur la lèvre inférieure de la plaie faite à la gaine, car une traction exercée sur cet instrument aurait pour effet d'aplatir la veine, et d'exposer l'opérateur à la transpercer avec la canule de la seringue lorsqu'il ponctionne le vaisseau.

Enfin, la moitié supérieure de la plaie est recouverte d'un linge jeté en travers de l'encolure.

Ces précautions observées, l'opérateur abaisse la seringue

avec lenteur, et la place de manière à ne pas perdre de vue le biseau taillé à l'extrémité de la canule. Si une goutte de la dilution virulente se présentait sur ce biseau, il aurait soin de l'enlever avec les doigts ou avec son tablier. Il approche la canule de la veine et l'introduit enfin brusquement dans le vaisseau en la dirigeant presque parallèlement au grand axe de la jugulaire, en évitant de se placer trop près d'une valvule veineuse.

L'aide presse toujours sur la veine. Pour bien s'assurer que l'instrument n'a point fait fausse route, l'opérateur retire légèrement le piston ; si le sang monte dans la seringue, la canule est bien dans le vaisseau. Il ordonne à l'aide d'abandonner la veine à elle-même, puis il presse modérément sur la tige du piston, et introduit dans le vaisseau 2 à 3 centimètres cubes de la dilution.

Il ne faut pas vouloir pousser l'injection trop brusquement, car l'orifice d'écoulement de la canule étant très fin, relativement au diamètre du corps de pompe, si l'on presse trop énergiquement sur le piston, la tension dans la seringue devient énorme, on s'expose à voir la canule quitter son emmanchure et le virus se répandre dans la plaie.

C'est, du reste, pour parer à cet accident possible ou à toute suffusion du liquide virulent au niveau de l'ajustage de la canule que l'on place un linge propre entre la plaie et la seringue.

L'injection poussée, il faut retirer la canule et ne pas inoculer les parois de la veine pendant cette manœuvre.

On échappera à ce dernier danger : 1° en laissant la canule dans la veine quelques secondes, afin que les flots de la jugulaire en lavent bien la surface libre ; 2° en remplissant, avec le sang du vaisseau, la canule et une partie de la seringue, par un coup de piston en arrière ; 3° enfin, en retirant brusquement l'instrument sous un bain de solution salicylée à 2/1000 que l'aide prépare en transformant la plaie en une sorte de cuvette dans laquelle il verse le liquide antiseptique.

La plaie est inondée de la sorte durant cinquante ou soixante secondes ; on en rapproche ensuite les bords avec deux points de suture ; l'animal est relevé, conduit à l'étable où on le soumet à son régime habituel.

Nous dirons encore, comme dernières recommandations générales, qu'il est indispensable de ne jamais toucher la plaie avec les doigts, de se laver les mains à grande eau lorsqu'on a rempli la seringue du virus vaccinal, et chaque fois qu'on aura manié ce dernier pour une raison quelconque, d'éviter le contact des instruments tranchants avec la seringue et le virus ; et de ne jamais employer indistinctement le linge qui sert à nettoyer les instruments ou à protéger la plaie pour étancher le sang pendant la vivisection.

La manuel opératoire que nous venons d'exposer peut paraître long et difficile ; il n'est que minutieux. La dénudation de la jugulaire n'offre pas de difficultés sérieuses. Il n'est même pas nécessaire, pour réussir, de porter cette dénudation à ses dernières limites ; mais nous estimons que c'est une précaution utile au succès de l'opération. Enfin la plus grande propreté est de rigueur.

Malgré les nombreux détails que nous avons indiqués, une injection n'exige pas plus de douze à quinze minutes d'un opérateur quelconque, et cinq minutes d'un opérateur exercé. On met, en général, plus de temps pour coucher l'animal, pour peu qu'il soit turbulent ou que l'on n'ait pas à sa disposition des auxiliaires au courant des manœuves nécessaires, que pour pratiquer les différents temps de l'inoculation.

Ainsi réglé, le procédé des injections intra-veineuses préventives contre le charbon symptomatique s'applique avec sûreté et à peu près sans danger.

Nous en donnerons pour preuve les 500 inoculations que nous avons pratiquées, en 1880 et 1881, dans le Rhône, la Haute-Marne et l'Algérie, avec l'assistance du Ministère de l'agriculture, dans l'arrondissement de Gex, sous les auspices du Comice agricole de cette ville, ou à la demande spontanée d'un certain nombre de propriétaires.

Sur ce chiffre, un seul animal est mort des conséquences d'une manœuvre survenue pendant l'opération.

M. Nocard a proposé d'injecter le virus dans la jugulaire sur l'animal debout, en ponctionnant préalablement la peau et le vaisseau avec un trocart du modèle de la seringue primitive de Pravaz.

Au début de nos recherches, nous avons employé ce procédé, qui s'offre le premier à l'esprit; il ne nous a pas réussi et nous l'avons abandonné, estimant qu'en présence des dangers que présentait l'insertion du virus dans le tissu conjonctif, il valait mieux découvrir le vaisseau et opérer à ciel ouvert.

Nous ne contestons pas qu'avec de l'habileté et un long exercice, on parvienne à faire de bonnes injections intra-veineuses avec le trocart, mais le noviciat ne sera ni plus long ni plus difficile pour acquérir le manuel que nous préconisons, et, probablement, il sera moins périlleux.

§ IV

Injection du virus à l'état naturel dans les voies respiratoires.

En poussant du liquide virulent dans l'arbre trachéo-bronchique des animaux aptes à l'évolution du charbon, avec tous les soins nécessaires pour éviter l'inoculation du tissu conjonctif, on observe les mêmes résultats que si l'inoculation était pratiquée dans une veine.

Voici un exemple :

9 *mai* 1881. — On injecte dans la trachée d'une brebis 4 centimètres cubes de liquide virulent. L'injection est faite avec lenteur pour que le liquide virulent s'écoule goutte à goutte et ne provoque pas d'accès de toux.

10 *mai*. — Plaie trachéale nette; mais l'animal est triste; il frissonne de temps en temps; la température rectale s'est élevée de 9/10 de degré.

11 *mai*. — Les frissons continuent dans la matinée; ils disparaissent le soir.

12 *et* 13 *mai*. — Retour à la santé parfaite.

Cette brebis a été éprouvée le 17 et le 20 mai, comparativement avec des cobayes. L'insertion du virus dans le tissu conjonctif a tué les cobayes; la brebis a survécu.

L'introduction du microbe dans les voies respiratoires peut donc constituer aussi un procédé d'inoculation préventive contre le charbon symptomatique.

Le mécanisme par lequel ce procédé communique une maladie bénigne se déduit de celui des inoculations intraveineuses.

Le microbe se répand dans les *infundibula* pulmonaires, d'où il pénètre dans les capillaires du poumon en traversant purement et simplement les deux endothéliums adossés des alvéoles du poumon et des vaisseaux capillaires sanguins. Or, le microbe ne peut agir comme ferment, puisque cette propriété demande pour se révéler le passage du microbe dans le tissu conjonctif.

Toutes les difficultés de l'application pratique de ce procédé résident dans le soin qu'il faut apporter pour éviter de laisser tomber les microbes en dehors de la trachée.

Jusqu'à présent, nous avons ponctionné la trachée avec un trocart de 5 millimètres de diamètre; nous laissons la canule en place; nous glissons ensuite dans cette canule un très fin tube de caoutchouc qui flotte à l'intérieur de la trachée, d'une part, tandis qu'on l'ajuste à la monture d'une petite seringue, d'autre part ; la seringue étant chargée de virus, on presse sur le piston, de manière à en faire tomber 1 centimètre cube dans les voies respiratoires ; on donne ensuite un coup de piston en arrière, pour appeler dans le corps de pompe de la seringue le contenu du tube de caoutchouc, puis on retire doucement ce dernier au dehors ; de la sorte, il traverse les tissus dans un tunnel métallique ; il n'y a donc pas de danger d'inoculation.

Nous avons conçu le plan d'un appareil plus perfectionné. Celui-ci consiste en une seringue dont la canule est à double courant. Le tube central se continue avec l'intérieur du corps de pompe et donne écoulement au virus. Le tube périphérique communique avec un petit réservoir d'eau extérieur qui permet de laver l'extrémité de la canule après l'injection, afin de la débarrasser des particules virulentes avant de la retirer de la trachée.

Comme ce procédé réclame autant de soin que l'injection intra-veineuse, nous ne l'avons pas appliqué hors du laboratoire ; mais, tel que nous le présentons, il enrichit la méthode générale des inoculations prophylactiques.

ARTICLE II

IMMUNITÉ CONFÉRÉE A L'AIDE DU VIRUS ATTÉNUÉ.

Le procédé d'inoculation préventive avec le virus naturel qui nous offrit les meilleures garanties de succès est l'inoculation par injection intra-veineuse. Mais ce procédé exige certaines délicatesses d'exécution qui peuvent, dans une certaine mesure, nuire à sa généralisation aux besoins de la pratique.

Aussi avons-nous cherché le moyen de lui substituer un procédé qui soit à la fois plus simple, plus expéditif, et néanmoins aussi sûr.

L'inoculation par la méthode sous-cutanée est, au point de vue de l'exécution, le procédé le plus pratique. Malheureusement, nous avons indiqué précédemment qu'il était difficile d'allier ce manuel opératoire à l'emploi du virus naturel.

En présence de cette difficulté, nous nous sommes attachés à amoindrir l'activité du virus charbonneux, de façon à pouvoir déterminer plus aisément la dose nécessaire et suffisante pour donner l'immunité.

Nous avons atténué l'activité du microbe du charbon symptomatique de quatre manières :

1° Par l'action de substances antiseptiques ;

2° Par les cultures successives ;

3° Par l'action de la chaleur sur le virus frais ;

4° Par l'action de la chaleur sur le virus desséché.

§ 1ᵉʳ

Atténuation du virus par l'action de substances antiseptiques.

Lorsqu'on met le virus du charbon bactérien au contact des substances réputées antiseptiques, on s'aperçoit qu'un certain nombre d'entre elles exercent peu d'influence sur son activité ; d'autres la suppriment en huit, douze, vingt-quatre ou quarante-huit heures ; quelques-unes la modèrent au point de transformer le virus mortel en virus vaccinal.

Il a été dit précédemment qu'en principe la division que nous venons d'établir parmi les substances antiseptiques est mal fondée. La plupart des antiseptiques peuvent tuer à la longue le virus du charbon bactérien ; mais si on raccourcit la durée du contact des deux agents, les antiseptiques affaiblissent simplement et dans des limites variables la virulence du microbe.

Conséquemment, il ne suffit pas qu'un antiseptique ait empêché le virus de tuer l'animal sur lequel on l'a inoculé pour conclure que cet antiseptique a détruit le microbe. Il faut éprouver l'inoculé avec du virus frais et intact et constater qu'il succombe à cette deuxième inoculation; sinon, il aura été vacciné, preuve que le virus employé possédait encore une certaine activité.

En opérant dans cette direction et avec cet esprit, nous nous sommes aperçus que la glycérine phéniquée, une solution de sublimé corrosif (1/5000), l'eucalyptol et le thymol pouvaient transformer le virus actif en virus atténué. Inséré dans le tissu conjonctif, celui-ci détermine un gonflement qui disparaît après quelques jours et confère l'immunité contre de nouvelles inoculations.

Les microorganismes du charbon symptomatique nous paraissant agir surtout comme ferments des matières albuminoïdes, nous nous sommes demandé si, en les mettant en contact avec des substances sucrées, nous arriverions à les atténuer.

L'expérimentation a confirmé nos prévisions. Nous avons eu entre les mains toute une série de sucres préparés et mis obligeamment à notre disposition par M. Müntz, chef des travaux chimiques à l'Institut agronomique.

Des essais que nous avons faits dans cette voie, il résulte qu'en alcalinisant le liquide virulent, puis le mettant en contact avec une solution de galactose du sucre de lait et en soumettant à une température de 35° pendant vingt-quatre heures, on obtient un virus atténué. Malheureusement ce vaccin est très hygroscopique et partant d'une conservation un peu difficile.

Nous sommes donc autorisés à dire qu'en déterminant, par des essais multipliés, comme nous l'avons fait pour quelques-unes, le titre de certaines solutions antiseptiques (acide phénique, acide salicylique, sublimé, nitrate d'argent, galactose, etc.), les proportions suivant lesquelles ces solutions doivent être associées au virus actif et la durée du contact, on arrive à préparer des vaccins à l'aide desquels on peut pratiquer des inoculations prophylactiques.

Entraînés dans une autre direction par des espérances plus prochaines, nous n'avons pas persévéré dans cette voie.

§ II

Atténuation du virus par des cultures successives.

Les travaux de M. Pasteur sur l'atténuation du microbe du choléra des poules et du sang-de-rate nous ont engagés à cultiver l'agent virulent du charbon bactérien, afin d'en amoindrir l'activité.

Nous avons cultivé le microbe qui fourmille dans les tumeurs et celui que l'on rencontre parfois dans le sang, en utilisant le sérum sanguin, et principalement les bouillons de veau et de poulet additionnés de sulfate de fer et de glycérine comme milieux, et en soustrayant l'air atmosphérique des tubes ou en le remplaçant par l'acide carbonique. La température de l'étuve a varié entre 38° et 40°.

Inutile de nous appesantir sur le manuel de ces cultures; tous nos efforts ont tendu à l'observation des règles à suivre dans la culture des microbes anaérobies.

La culture du microbe contenu dans le sang nous a donné de médiocres résultats; celle du microbe des tumeurs en a donné de plus satisfaisants.

Voici les faits tels qu'ils se sont présentés dans plusieurs séries :

Dans une série de cultures faites au sein d'un mélange de bouillon, de glycérine et de sulfate de fer, en l'absence de l'air, le microbe a conservé toute son activité jusqu'à la douzième génération ; arrivé là, il fut abandonné.

Dans la plupart de nos autres séries, les cultures des première et deuxième générations ont fourni des microbes dont l'insertion dans le tissu conjonctif engendrait une tumeur mortelle ; les microbes de troisième, quatrième, cinquième générations donnaient un charbon avorté, ou, en d'autres termes, agissaient comme vaccins. Généralement, au delà de la cinquième génération, l'inoculation des cultures a causé de simples accidents inflammatoires.

En résumé, le microbe du charbon symptomatique, comme la plupart des microbes anaérobies, perd assez rapidement son activité lorsqu'on le fait passer à travers une série de cultures. Aussi avons-nous accordé particulièrement nos soins à d'autres procédés d'atténuation.

§ III

Atténuation du virus frais par la chaleur.

L'exposition du virus frais en vase clos, dans une étuve chauffée à 65° pendant dix à trente minutes, ne modifie pas sensiblement son activité. Si on prolonge l'application de la chaleur ou si on élève la température, on atteint plus ou moins profondément l'énergie du virus, autrement dit, on l'atténue plus ou moins.

Ainsi, en inoculant une série de cobayes de même âge, de même sexe, avec des quantités égales du même virus chauffé à 65° pendant 15, 20, 30, 40 et 70 minutes, nous avons vu ces animaux succomber de la douzième à la quarantième heure après l'inoculation, dans un ordre qui répondait assez exactement à la durée de l'exposition du virus à la chaleur.

D'autre part, nous nous sommes assurés qu'en l'exposant enfermé dans un tube de verre de la grosseur d'une plume à écrire, pendant une heure quarante-cinq minutes, à l'intérieur d'une étuve réglée à 70°, il prend des propriétés vaccinales.

Par conséquent, il est possible d'atténuer convenablement le *Bacterium Chauvœi* par un procédé analogue à celui que M. Toussaint a préconisé pour transformer en vaccin le sang chargé du *Bacillus anthracis*.

Mais l'expérience nous a démontré qu'un léger écart dans la température, soit au-dessus, soit au-dessous, déjouait tous les calculs. L'expérimentateur se meut dans des limites tellement étroites qu'il peut en sortir aisément, aussi a-t-il des avantages sérieux à opérer, si possible, sur un virus plus résistant que le virus frais.

§ IV

Atténuation du virus desséché par l'action de la chaleur.

Depuis 1879, nous nous sommes assurés à maintes reprises que le virus exprimé d'une tumeur charbonneuse, desséché rapidement, avant l'apparition de toute putréfaction, à la température de $+32°$ à $+35°$, conservait pendant plus de deux ans une activité considérable et toujours identique à elle-même. Le microbe enfermé dans ce virus desséché oppose aux causes de destruction, ainsi que nous l'avons dit au chapitre V, une résistance bien supérieure à celle du virus frais.

Cette différence entre le virus frais et le virus sec nous a fait penser que nous règlerions plus facilement l'action de la chaleur sur le virus desséché, attendu que nous pourrions nous mouvoir entre des limites plus larges dans l'application de cet agent modificateur.

L'expérimentation a prouvé que nous ne nous étions point trompés.

Le virus desséché peut être chauffé à 85°, 90°, sans rien perdre de son activité. Mais si on l'humecte avant de le soumettre à l'étuve, on constate qu'une exposition de six heures à la température de 90° lui enlève une partie de son énergie ; chauffé seulement à 60°, il se montre encore très actif.

Par conséquent, en chauffant le virus desséché dans les conditions sus-indiquées, on l'atténue de façon à pouvoir l'utiliser pour pratiquer des inoculations préventives.

La température de + 60° est la température minimum au-dessus de laquelle il faut nécessairement se maintenir. Quant à la température maximum qu'il ne faut point dépasser, elle est subordonnée à l'atténuation que l'on désire imprimer au virus; et celle-ci doit varier avec la susceptibilité des espèces animales sur lesquelles on veut procéder à des inoculations prophylactiques. De sorte qu'il est bon d'établir une échelle de virus parallèle à la série des susceptibilités spécifiques des animaux que l'on utilise aux expériences. Par tâtonnement, nous avons vu qu'il était inutile de descendre au-dessous de 80°.

Le virus chauffé à 100° ou 104° convient pour donner un commencement d'immunité au mouton, au cobaye et au bœuf. L'inoculation du virus chauffé à 85° ou 90° sert à renforcer l'immunité.

Certains sujets de l'espèce bovine pourraient supporter d'emblée l'inoculation du second virus, mais il serait très imprudent de généraliser les conséquences de ces cas exceptionnels.

Graduées de la sorte, ces inoculations produisent des effets immédiats peu importants ; plusieurs animaux ne perdent même pas un coup de dent ; sur quelques-uns la température s'élève légèrement. Localement, on constate tout au plus, en explorant avec une grande attention, un très faible empâtement du tissu conjonctif situé en avant du tendon d'Achille, si les injections ont été poussées à la face interne de la jambe, rien, si l'on a opéré à la face interne de la queue, à deux travers de main au-dessus de l'extrémité libre.

Nous ne transcrirons pas ici les nombreuses expériences dans lesquelles nous avons parfaitement réussi à vacciner le cobaye avec les virus atténués à différentes températures comprises entre 85° et 104° ; nous nous bornerons à relater quelques expériences faites sur le mouton et le bœuf, parce qu'elles sont accompagnées de tous les éléments nécessaires pour apprécier la marche et le résultat des inoculations prophylactiques par ce nouveau procédé.

Expériences sur le mouton. — *a*) *Le* 11 *avril* 1882, on délaye 3 centigrammes de virus atténué à 100° dans 3 centimètres cubes d'eau. On partage cette dose de virus entre trois animaux de l'espèce ovine : une brebis noire, un mouton blanc et un mouton laine mélangée, que l'on appellera gris pour plus de simplicité. L'inoculation est faite sous la peau de la cuisse.

12, 13 et 14 *avril*. — Rien ne dénote extérieurement un trouble dans la santé de ces animaux, pas de boiterie ; néanmoins la température s'est modifiée, comme l'indique le tableau suivant :

ANIMAUX.	11 AVRIL.	12 AVRIL.	13 AVRIL.	14 AVRIL.
Brebis noire............	39°3	40°	39°4	39°2
Mouton blanc...........	40°1	40°5	39°8	39°5
Mouton gris............	39°6	39°6	40°1	39°9

A partir du 14, on cesse de faire des observations régulières.

b) Le 19 avril, on procède à l'inoculation du virus atténué à 85°. 3 centigrammes de ce virus sont délayés dans 3 centimètres cubes d'eau. On injecte ensuite 1 centimètre cube à la face interne de la cuisse du mouton blanc, et 1 centimètre cube à l'extrémité de la queue (face inférieure) de chacun des deux autres.

Le tableau des températures recueillies après cette deuxième inoculation a été perdu ; mais on peut affirmer que les suites de cette opération ont été aussi simples que les premières.

c) Le 30 avril, on s'assure, par une expérience d'épreuve, que les trois moutons sont prémunis contre les atteintes du virus naturel.

On se procure un quatrième mouton pour servir de témoin. Les quatre moutons reçoivent chacun cinq gouttes de virus frais très actif dans les masses musculaires de la cuisse ; on inocule en même temps un cobaye indemne.

Le cobaye et le mouton témoins sont morts en trente heures avec toutes les lésions du charbon symptomatique.

Au contraire, les trois animaux inoculés préalablement avec les virus atténués ont résisté. Les deux moutons ont présenté un œdème insignifiant du creux du jarret ; la brebis noire a boité pendant deux jours ; mais ce léger désordre a rapidement disparu.

d) Le 13 mai, on les éprouve de nouveau, et cette fois avec 1/2 centimètre cube de virus frais ; ils sont encore sortis pleins de santé de cette deuxième épreuve ; le mouton blanc a boité pendant un jour et demi, mais il n'a pas cessé de manger un seul instant.

Nous avons injecté les virus atténués, à titre de renseignements, sur plus de soixante autres moutons. La température s'est constamment élevée après chaque inoculation ; mais tantôt la plus grande thermogenèse s'est montrée après la première inoculation, tantôt après la seconde.

EXPÉRIENCES SUR LES ANIMAUX DE L'ESPÈCE BOVINE. — 15 *mai* 1882. — On a acheté trois veaux âgés de huit à dix mois pour les inoculer préventivement avec les virus atténués ; il y a un veau schwitz à robe grise, un veau du pays, pie-rouge et un veau salers rouge.

a) On délaye du virus chauffé à 100° dans une quantité suffisante d'eau, de façon à donner à chaque animal 1 centigramme de virus sec. L'inoculation est poussée un peu en dedans du bord postérieur de la cuisse ; on a soin d'inciser légèrement la peau avant de plonger la canule de la seringue dans les tissus.

Les jours suivants, état général en apparence très bon, empâtement à peine appréciable de la corde du jarret.

Les modifications de la température furent plus ou moins sensibles.

ANIMAUX.	15	16	17	18
Veau gris............	38°4	39°	39°1	39°
Veau pie.............	39°2	39°4	39°1	39°
Veau rouge..........	38°1	38°4	38°3	38°

b) 24 *mai*. — On inocule ces trois animaux avec 1 centigramme de virus atténué à 85° pour renforcer l'immunité qu'a dû leur conférer l'inoculation du 15.

Le thermomètre a accusé encore une modification de la température chez les trois animaux.

ANIMAUX.	24	25	26	27
Veau gris.............	38°8	39°	39°2	39°
Veau pie.............	38°1	39°4	39°1	39°1
Veau rouge...........	38°6	38°8	38°9	39°1

c) 28 *mai*. — On éprouve l'immunité de ces animaux en leur inoculant, comparativement avec un veau italien indemne, cinq gouttes de virus frais dans le bord postérieur de la cuisse.

Le 28 mai, dans la soirée, le veau gris présente une très légère tuméfaction autour de l'inoculation ; la pression est un peu douloureuse ; mais pas de boiterie ; le veau pie et le veau rouge ne paraissent pas avoir ressenti le moindre effet de l'inoculation. Quant au veau témoin, il offre déjà un empâtement de la face interne de la jambe et une grande sensibilité de cette région.

29 *mai*. — Dès le matin, le veau témoin est triste : il porte la tête basse et se montre indifférent à la nourriture ; il reste debout, le membre inoculé dans la demi-flexion ; forte boiterie quand on force l'animal à marcher. Œdème chaud de toute la région du jarret.

Les trois veaux vaccinés sont gais ; ils mangent et se meuvent comme à l'ordinaire.

Les températures se sont, du reste, modifiées d'une manière caractéristique.

ANIMAUX.	28	29
Veau gris	39°	39°1
Veau pie	39°	39°2
Veau rouge	39°4	39°4
Veau témoin	39°2	40°1

A cette première liste de jeunes animaux, nous pouvons ajouter deux sujets plus âgés sur lesquels on fit, dans le Bassigny, les expériences de contrôle que nous venons de rapporter et qui furent exécutées à l'École vétérinaire de Lyon.

Veau bernois croisé, âgé de dix mois, appartenant à M. Michaut, propriétaire à Meuse (Haute-Marne).

19 *septembre* 1882. — Première inoculation à la région caudale avec le virus atténué. Très légère tuméfaction au siège de l'inoculation ; pas

de troubles généraux marqués ; la température s'élève de 4 dixièmes de degré.

27 *septembre*. — Deuxième inoculation avec le virus atténué à 85°. On ne prend pas la température ; mais les suites ont paru très simples.

10 *octobre*. — On éprouve cet animal, et, pour cela, on injecte du virus frais dans les muscles de la fesse.

Le lendemain, il y a douleur autour du point inoculé ; la température passe de 39°,7 à 41° ; l'animal est triste ; néanmoins il continue à manger.

Le 12 octobre, la température est descendue à 40°,2.

Le 20, elle est à 39°,7.

Le veau bernois a donc été vacciné par les deux premières inoculations.

Veau fribourgeois, âgé de huit mois, appartenant à M. Clerget, propriétaire à Avrecourt (Haute-Marne), est inoculé les 9 février et 10 mars 1883 avec les virus atténués injectés sous la peau de la queue. La température s'élève de 39°,9 à 41°.

Ce veau est éprouvé quelques jours après, à l'aide de virus frais que l'on injecte dans les muscles de la fesse. Pas de tumeur ; il sort en bonne santé de cette épreuve.

Nous citerons encore l'observation faite sur quatre animaux de dix-huit mois à deux ans qui furent mis à notre disposition par la Société d'encouragement à l'agriculture de la Haute-Saône. Ces sujets furent inoculés avec le virus atténué, à Vesoul, en juin 1882, et éprouvés en août, comparativement avec deux sujets indemnes, à l'occasion d'une démonstration sur les moyens de vacciner contre les affections charbonneuses ; ils sortirent intacts de l'inoculation avec le virus frais, tandis que les animaux témoins ont succombé en moins de deux jours.

Nous ne voulons pas multiplier davantage les exemples, les documents qui seront fournis au chapitre X sur les résultats donnés par cette méthode nous en dispensent.

Tels sont les divers moyens à l'aide desquels on peut conférer artificiellement l'immunité contre le charbon symptomatique. Nous allons décrire avec plus de détails le dernier moyen, que nous considérons à l'heure actuelle comme un procédé pratique.

CHAPITRE IX

PROCÉDÉ PRATIQUE POUR CONFÉRER L'IMMUNITÉ AUX ANIMAUX DE
L'ESPÈCE BOVINE CONTRE LE CHARBON SYMPTOMATIQUE.

Il découle des recherches exposées dans le chapitre précédent que nous sommes parvenus à communiquer l'immunité contre le charbon symptomatique par cinq procédés différents. Deux de ces procédés ont été réglés avec précision. Toutefois, l'un d'eux, celui qui consiste à inoculer successivement, à huit jours d'intervalle, deux virus atténués sous la peau, mérite toutes les préférences autant par la facilité de son exécution que par la sûreté de ses résultats. Aussi allons-nous le faire connaître entièrement dans le cours de ce chapitre.

Nous nous occuperons d'abord de la préparation des virus atténués.

ARTICLE PREMIER

PRÉPARATION DES VIRUS ATTÉNUÉS.

On a vu plus haut que nous préférons faire subir l'atténuation au virus desséché. Nous supposerons donc que l'on possède une provision de virus amené à l'état sec en suivant les précautions indiquées au chapitre III.

a. Atténuation du virus desséché. — Afin d'obtenir un virus uniformément atténué, il est indispensable que toutes les particules du virus desséché soient soumises exactement aux mêmes influences physiques.

Il a été dit plus haut que la chaleur devait agir sur des microbes hydratés, sinon elle restait sans effet. Pour que toutes les parcelles virulentes reçoivent la même quantité d'eau, nous associons une partie de virus desséché à deux parties d'eau ordinaire, et nous mélangeons dans un mortier jusqu'à ce que nous obtenions une masse semi-fluide presque homogène.

Ce liquide est versé en couche mince dans le fond d'une soucoupe ou d'une petite assiette (10 à 12 centimètres cubes environ), puis porté à l'étuve.

L'étuve, à bain d'huile, est préalablement chauffée et réglée à la température à laquelle on veut soumettre le virus. On l'ouvre et on dépose rapidement à son intérieur la soucoupe qui contient le virus à atténuer ; on la referme aussitôt. L'exposition dans l'étuve dure sept heures. On prend une masse d'huile assez volumineuse pour que le thermomètre, qui s'abaisse notamment par le fait de l'introduction d'un corps froid et d'un liquide vaporisable, remonte au point de départ en une heure environ.

Pour préparer les deux virus nécessaires aux inoculations, il faudra donc faire deux opérations successives : une première, dans l'étuve chauffée de 100° à 104° ; une seconde, dans l'étuve chauffée de 90° à 94°.

Quand l'opération est terminée, on retire la soucoupe, la substance virulente se présente sous l'aspect d'une écaille brunâtre qui quitte aisément les parois du vase ; on l'enferme dans du papier buvard et on la conserve dans un lieu sec, précaution *indispensable*. Il est utile de l'enfermer sous une cloche ou dans un tiroir avec du chlorure de calcium ou de la chaux vive, pour éviter l'action de l'humidité.

Nous nous sommes assurés que les propriétés des virus

atténués se conservent au moins pendant un an. Dans ce laps de temps, ceux-ci se comportent comme du virus simplement desséché, et s'il y avait quelque crainte à concevoir au sujet de leur conservation, ce serait plutôt de leur voir récupérer leurs propriétés infectieuses que de constater leur anéantissement.

b. Pulvérisation des virus atténués. — Tels qu'ils sortent de l'étuve, les virus ne sont pas sous l'état physique qui convient à leur introduction sous la peau.

Il faut tout d'abord les réduire en une poudre impalpable. Cette opération ne peut pas se faire dans un mortier, parce que les particules virulentes sont enfermées dans une plaque d'albumine cuite.

Il faut d'abord concasser, puis moudre les plaques dans de petits moulins *ad hoc*. Un tamisage permet de séparer les parcelles qui ont besoin de repasser dans le moulin.

Il est prudent d'avoir deux moulins, un pour chaque virus.

ARTICLE II

DE L'INOCULATION DES VIRUS ATTÉNUÉS.

Nous devons parler dans cet article du choix de la région où l'on pratique l'inoculation, de la préparation des virus pour les mettre dans un état physique compatible avec leur mode d'introduction dans l'économie animale, des instruments et ustensiles nécessaires à l'opération; enfin du manuel opératoire.

a. Choix de la région. — En principe, tous les points de l'organisme sont aptes à recevoir les inoculations. Néanmoins, comme il importe que celles-ci produisent l'effet préventif cherché sans donner lieu localement au développement d'une tumeur, il nous a paru bon de choisir une région où ce développement est rare et difficile.

D'après les observations cliniques et les expériences citées plus haut, l'extrémité inférieure de la queue, celle qui est connue sous le nom de toupillon, à cause des crins qui la garnissent, semble réunir ces conditions.

Vers le milieu du toupillon, la queue forme un léger renflement en fuseau. Ce point est celui que nous avons choisi pour pratiquer les inoculations. On l'atteint par la face antérieure, après avoir coupé les poils qui la garnissent.

On a déjà pratiqué un grand nombre d'inoculations dans cette région. Beaucoup de vétérinaires n'ont fait aucune objection à son choix; mais quelques-uns ont trouvé qu'en raison de la densité du tissu conjonctif sous-cutané l'injection pénétrait difficilement, et dès lors ont pensé qu'il conviendrait de déterminer un autre lieu d'élection.

Nous avons tenté de donner satisfaction à ce vœu. Des expériences furent entreprises pour juger du degré de réceptivité des régions facilement accessibles à l'opérateur.

Elles ont démontré que l'on pourrait, avec beaucoup chances de succès, inoculer à l'oreille au lieu d'inoculer à la queue.

Les injections seront poussées dans le tissu conjonctif assez dense situé sous la peau de la face externe de la conque, aussi loin que possible de la base de l'organe.

Deux régions sont donc laissées au choix de l'opérateur. Sans présenter en faveur de l'inoculation à l'oreille un chiffre aussi considérable d'opérations qu'en faveur de l'inoculation à la queue, nous pouvons néanmoins la recommander à l'attention des praticiens. Voici d'ailleurs une analyse succincte des faits sur lesquels nous nous basons :

1° Onze moutons reçoivent une injection des virus atténués sous la peau de la face externe de l'oreille le 26 juillet et le 1ᵉʳ août 1886. La température de ces animaux a été prise régulièrement après chaque injection ; elle s'est élevée de 1°,2 au maximum. Localement, on a observé une faible nodosité sous-cutanée et l'engagement des ganglions parotidiens et sous-maxillaires correspondants. Le 7 août, on éprouve six de ces animaux en leur injectant du virus actif dans l'épaisseur d'une cuisse. Ces sujets ont admirablement résisté.

2° Le 1ᵉʳ et le 6 novembre 1886, on procède à l'inoculation des deux virus sur quatre sujets de l'espèce bovine âgés de huit à quatorze mois. Les feuilles de température accusent chez tous une hyperthermie de 0°,8 à 1°, vers le cinquième jour après l'injection. Les phénomènes locaux ont paru encore plus insignifiants que chez les moutons ; il a été impossible de sentir à travers les téguments si les ganglions lymphatiques voisins étaient tuméfiés. Le 25 novembre, on pousse une injection de virus très actif dans le voisinage du lieu où on avait fait les inoculations préventives. Les quatre animaux ont continué à se bien porter ; leur température s'est à peine modifiée.

b. Instruments ou ustensiles nécessaires. — Les virus atténués sont injectés sous la peau, il faudra donc une seringue pour pousser l'injection. Mais, comme les virus atténués sont pulvérulents et secs, il importe de les mettre en suspension dans l'eau ; pour cela on doit disposer d'un petit mortier en porcelaine.

1° *Seringue.* — Toutes les seringues à injections hypodermiques peuvent, à la rigueur, servir à nos inoculations. Pourtant, à cause de la constitution particulière des régions où elles se pratiquent et de la prompte exécution de l'opération, il est utile de prendre un instrument approprié.

M. Lépine, fabricant d'instruments de chirurgie à Lyon, a construit une seringue *ad hoc.*

Elle se compose d'un corps de pompe de 5 centimètres cubes de capacité, muni de deux anneaux à sa base, afin de permettre à l'opérateur de s'en servir avec une seule main (I, fig. 6). Grâce à sa taille, la seringue peut servir à l'inoculation de dix animaux sans être rechargée. On évite donc, par là, une perte de temps assez considérable.

Elle est accompagnée de deux courtes tiges d'acier de
5 à 6 millimètres de circonférence, pourvues, à l'une des

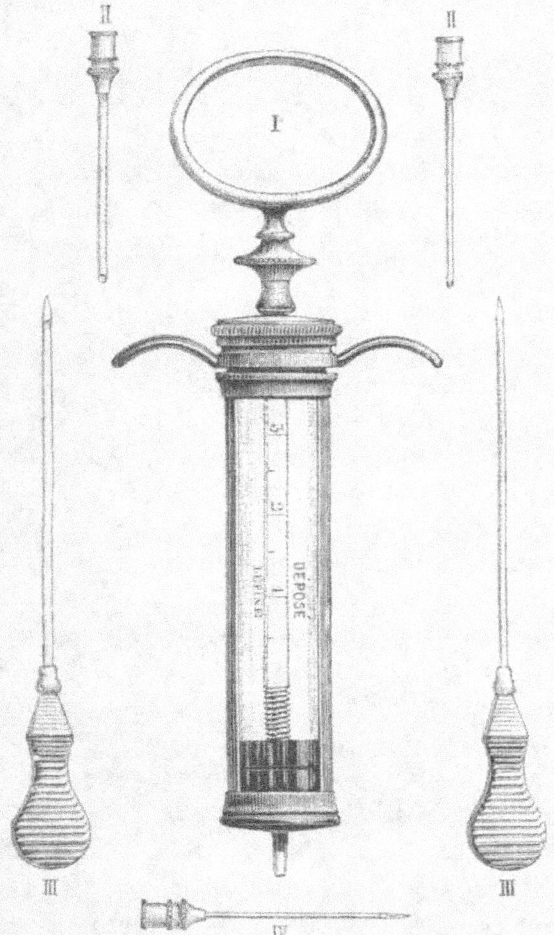

Fig. 6. — I, seringue, grandeur naturelle ; II, II, canules mousses ; III, III, trocarts
de grosseur différente ; IV, canule tranchante.

extrémités, d'un renflement que les doigts saisissent et main-
tiennent aisément, taillées en pyramide trifaciée, à l'autre

extrémité, comme la tige des trocarts. Ces tiges aiguës (III, III, fig. 6) sont destinées à creuser une galerie en cul-de-sac dans le tissu conjonctif de l'extrémité de la queue.

Elle est pourvue de deux canules volumineuses et mousses (II, II, fig. 6) qui s'adaptent à frottement au corps de pompe lorsqu'on veut pousser le liquide vaccinal dans la galerie de la région caudale. On a émoussé l'extrémité, afin d'éviter qu'elle ne pénètre dans les parois de la galerie et qu'elle ne cause à l'animal des souffrances inutiles. Au surplus, il ne faut pas oublier qu'on l'engage dans un trajet préparé à l'avance.

Dans le cas où l'on désirerait faire l'inoculation à l'oreille, on a muni la seringue d'une canule tranchante assez forte pour être introduite sans difficulté sous la peau qui recouvre la face externe du cartilage conchinien (IV, fig. 6). L'adjonction de cette canule à l'instrument le rend propre à tous les services que l'on attend d'une seringue à injections hypodermiques.

2° *Mortier*. — On choisit un mortier en porcelaine de 4 à 5 centimètres de diamètre à l'entrée. Les légères rugosités du pilon en porcelaine sont favorables à la trituration du vaccin pulvérulent et à son association à l'eau qui sert de véhicule. Le mortier de verre augmente les difficultés de cette opération et la rend plus imparfaite.

3° *Accessoires*. — Il est bon que l'opérateur soit muni d'un *petit entonnoir* et d'un *filtre* en toile fine ou en papier, d'une paire de ciseaux plats ou courbes, et de ficelle de la grosseur de la ficelle de fouet.

c. Manuel opératoire. — Il comprend les préparations du liquide vaccinal et l'opération.

1° Quand on le peut, il faut préparer le liquide nécessaire à l'inoculation de dix bêtes. Si on en prépare moins, on perd du temps et de la matière ; si on en prépare davantage, on s'expose à ne pas l'obtenir jusqu'au bout parfaitement homogène.

On déposera donc au fond du mortier, passé préalablement à l'eau bouillante, les doses de poudre vaccinale. On remplit la seringue d'eau propre ou mieux d'eau récemment bouillie. Puis on verse avec cet instrument environ 1 centimètre cube d'eau sur la poudre. On triture avec le pilon, patiemment et longuement, jusqu'à ce que l'on obtienne une sorte de pâte semi-fluide ; alors on ajoute peu à peu le contenu de la seringue en ayant soin de délayer la pâte aussi exactement que possible.

Lorsque cette manipulation est bien faite, dans d'excellentes conditions de propreté, on aspire immédiatement le liquide dans la seringue, sans rien laisser au fond du mortier. Si on apercevait quelques grumeaux volumineux ou des corps étrangers, on les retiendrait sur un filtre. Le filtre ayant été mouillé à l'avance, on doit obtenir environ 5 centimètres cubes de liquide, quantité nécessaire pour charger la seringue.

2° Pour pratiquer l'inoculation à la *queue*, il faut s'y prendre de la manière suivante :

Un aide saisit l'animal par les cornes; un second lui maintient la croupe appuyée contre un obstacle, une muraille, par exemple. Ce mode de fixation suffit.

L'opérateur s'approche alors de l'animal à vacciner, lui saisit la queue de la main gauche et coupe, sur une étendue de 7 à 8 centimètres, les crins qui garnissent la face inférieure ou antérieure de la partie terminale de l'organe dite vulgairement toupillon. Il nettoie ensuite avec soin la surface de la peau, avec un linge humide, de manière à faire disparaître toutes les souillures quelles qu'elles soient.

Puis, enfonçant la tige du trocart annexée à la seringue un peu en dehors de la ligne médiane, il creuse parallèle-

ment à la peau une galerie aussi profonde que possible. Il
retire l'instrument et infléchit l'extrémité de la queue de
manière à placer en haut l'orifice de la galerie sous-cuta-

Fig. 7. — Opérateur pratiquant l'inoculation préventive à la région caudale.

née. Alors, prenant la seringue de la main droite, le pouce
sur l'extrémité du piston, l'index et le médius passés dans
les anneaux qui garnissent le corps de pompe, il engage la
canule mousse de l'instrument dans la galerie, l'applique
aussi exactement que possible contre les parois en pressant

avec le pouce de la main gauche et injecte 1/2 centimètre cube ou dix gouttes du liquide vaccinal. On peut se contenter de six à huit gouttes si les animaux sont âgés de moins d'un an.

On a eu soin de régler ces quantités à l'avance avec le curseur dont est munie la tige du piston.

Lorsque l'injection est faite, on retire la canule et on exerce une légère pression sur l'orifice de la galerie pour prévenir la sortie d'une partie du liquide virulent.

Quelques opérateurs se sont plaints que cette précaution était souvent insuffisante. Nous conseillons d'employer un moyen absolument efficace proposé simultanément par M. Strebel, vétérinaire à Fribourg et par M. Périn, vétérinaire à Étain (Meuse). Ce moyen consiste à appliquer deux ou trois tours de ficelle sur l'orifice de la galerie, avant de retirer le pouce de la main gauche. La ligature emprisonne sang et virus au fond de la plaie. Seulement il ne faut pas oublier d'enlever cette ligature au bout d'une heure au plus. On pourrait remplacer la ficelle par de petits anneaux en caoutchouc.

Remarque très importante : avant chaque injection, il est indispensable d'imprimer à la seringue des mouvements de bascule, afin de mettre les particules virulentes uniformément en suspension dans le liquide qui remplit le corps de pompe.

Tel est le manuel opératoire qu'il faut suivre pour pratiquer l'inoculation caudale.

3° Pour faire l'inoculation à l'*oreille*, la préparation du liquide vaccinal reste la même ; la différence porte sur l'opération. Dans ce cas, pendant qu'un aide maintient l'animal par les cornes, l'opérateur saisit une oreille de la main gauche, coupe les poils sur une partie de la face externe ; puis, s'emparant de la seringue munie de sa

canule tranchante, il ponctionne la peau de la main droite
et fait courir la canule dans le tissu conjonctif entre le
tégument et le cartilage; il presse enfin sur l'instrument
avec le pouce de la main gauche et injecte le liquide vaccinal dans le tissu cellulaire. Cette dernière partie de l'opération exige une certaine poussée, car les mailles du tissu
conjonctif se prêtent assez difficilement à la pénétration
d'un liquide.

Lorsqu'on a pratiqué dix inoculations, on prépare le
virus pour dix autres animaux et ainsi de suite. Quand la
séance d'inoculation est achevée, l'opérateur doit nettoyer
soigneusement la seringue en se servant d'abord d'un grand
volume d'eau, puis d'antiseptiques énergiques.

ARTICLE III

OBSERVATIONS GÉNÉRALES RELATIVES A LA PRATIQUE DES INOCULATIONS PRÉVENTIVES.

La pratique des inoculations ne doit pas être abandonnée
au caprice du propriétaire ou de l'opérateur. Elle est soumise à certaines indications générales que nous exposerons
brièvement.

a. Observation relative à l'influence des saisons. — On ne
doit pas pratiquer d'inoculations pendant les mois chauds
et orageux. Les meilleures saisons sont la fin de l'hiver et
l'automne. On les préférera d'autant mieux que généralement, dans le cours des saisons qui suivent, on assiste à
des poussées de charbon symptomatique. Lorsqu'on vaccine
en hiver des animaux en stabulation, il est prudent de placer
les inoculés dans le lieu le plus tempéré de l'étable, et même
de les placer à part si la température de celle-ci est trop
élevée.

b. Intervalle entre les deux inoculations. — Il est inutile de justifier ici l'utilité de deux inoculations faites avec des virus d'une intensité différente. Pour la simplicité et le succès de la méthode, il vaudrait mieux pratiquer une seule inoculation; mais, pour la sécurité des animaux, il est plus sage d'atteindre graduellement le résultat que l'on poursuit. Cela étant, quel intervalle faut-il mettre entre les deux inoculations? Dans notre première édition, nous avons conseillé un intervalle de dix à douze jours; mais l'expérience nous a enseigné que cet intervalle pouvait être ramené à huit jours sans inconvénient. Au bout de huit jours, si l'on ne constate pas de troubles notables de la santé chez les vaccinés, rien n'empêche de procéder à la seconde injection dans le voisinage de la première.

Il peut arriver qu'une cause quelconque s'oppose à la seconde inoculation dans les délais ordinaires et que l'on ne soit en état de la pratiquer qu'un mois et demi ou deux mois après la première. Nous avons été consultés sur ce qu'il convenait de faire en pareil cas. Dans l'impossibilité où nous étions de donner un avis basé sur l'expérience, nous avons conseillé de procéder à une nouvelle inoculation et de passer ensuite à la seconde dans le délai habituel.

Dans tous les cas, on ne doit pas oublier que la vaccination n'est complète qu'autant que l'on a fait les deux inoculations.

c. Considérations relatives à l'âge des sujets. — Règle générale, les inoculations prophylactiques seront pratiquées sur des animaux sevrés depuis quelques mois. Nous avons dit ailleurs les raisons sur lesquelles est basée cette assertion. Toutefois, les veaux de lait ne sont pas complètement à l'abri des atteintes du charbon symptomatique, surtout s'ils accompagnent leurs mères sur le pâturage. Si le charbon se déclarait dans un lot de ces jeunes sujets, nous conseillerions d'inoculer. Mais comme les veaux perdent rapidement l'immunité, il convient de répéter l'inoculation aussitôt qu'ils auront franchi la première année.

Doit-on inoculer les adultes et les animaux âgés? Les adultes courent plus de danger que les veaux et beaucoup moins que les sujets compris entre dix mois et trois ans. Ils devront donc passer après ceux-ci. Quant aux animaux âgés, nés et élevés dans un pays infecté, on peut se dispenser de les inoculer. Ils ne contractent plus le charbon spontanément, et plusieurs possèdent une immunité assez forte pour lutter contre une inoculation de virus frais dans le tissu conjonctif intramusculaire.

Conséquemment, dans une région ou dans une ferme, les inoculations préventives seront appliquées de préférence aux animaux compris entre six mois et trois ans, puis aux adultes par surcroît; on s'abstiendra pour les vieux animaux.

d. Considérations relatives à l'état des sujets. — On nous a demandé si l'on pouvait inoculer des vaches en état de gestation, des animaux cantonnés ou séquestrés pour cause de fièvre aphteuse.

Nous répondrons, en ce qui regarde l'état de gestation, qu'il vaut mieux s'abstenir et attendre quelque temps après la parturition, car les expériences que nous avons faites sur les petits animaux nous ont montré que les placentas étaient quelquefois le siège de localisations très dangereuses pour la vie de la mère et du jeune sujet. Quant à l'influence qu'exercerait la fièvre aphteuse sur l'inoculation ou réciproquement, il nous est impossible de nous prononcer. C'est aux praticiens à éclairer la science sur ce point.

e. Considérations relatives à la durée et à la transmission héréditaire de l'immunité. — 1° On pourra se demander s'il ne serait pas nécessaire de renouveler les inoculations chaque année pour préserver les animaux d'élevage. Afin de parer à cette question, nous avons cherché à connaître la durée de l'immunité que l'on confère par l'inoculation préventive. Nous nous sommes assurés par l'expérience suivante qu'elle est *au moins* de dix-sept mois, lorsqu'elle a été communiquée par injection intraveineuse de virus naturel.

Une génisse de la ferme de la Tête-d'Or, à Lyon, avait été inoculée préventivement le 30 novembre 1880. Le 21 avril 1882, on pousse dans les muscles cruraux de cet animal 1 centimètre cube d'un virus qui était capable de tuer à une dose dix fois moindre. La génisse s'est montrée absolument réfractaire. Un cobaye témoin a succombé vingt-quatre heures après l'inoculation.

M. Brémond, vétérinaire à Oran, s'est assuré par des inoculations d'épreuve, que l'immunité conférée à des bêtes algériennes à la suite des vaccinations persistait encore dix-huit mois après l'opération.

Ajoutons que tous les animaux inoculés par nous en 1880, 1881 et 1882, dans les contrées infectées, ont résisté jusqu'à présent aux atteintes du charbon spontané, sauf trois exceptions sur lesquelles nous nous expliquerons plus loin. Or, si l'on tient compte, d'une part, que plus l'animal s'éloigne de l'âge de six mois à un an, moins il est exposé à la maladie ; si l'on songe, d'autre part, qu'un sujet pourvu artificiellement d'une assez forte immunité pourra la voir se renforcer par des inoculations accidentelles, il est permis d'espérer qu'une première inoculation suffira à le protéger contre les dangers qu'il court, surtout si cette inoculation a été pratiquée vers l'âge de deux ans.

Quand l'inoculation aura été faite avant l'âge d'un an, il sera toujours bon de la répéter l'année suivante.

Nous croyons que ces considérations s'appliquent aussi à l'immunité produite par une inoculation de virus atténué. Toutefois nous n'avons pas trouvé jusqu'à présent l'occasion de nous en convaincre.

2° Nous avons dit, en traitant de l'inoculabilité du charbon bactérien, qu'on pouvait rencontrer des sujets réfractaires ou peu sensibles à l'inoculation virulente, et nous avons démontré expérimentalement que cet état tenait à l'âge ou à la vaccination spontanée qu'éprouvent les adultes dans les pays infectés.

A ces deux causes, il convient d'ajouter la transmission de l'immunité de la mère à son produit. Voici des expériences qui mettent ce fait en évidence :

Parmi les animaux inoculés en novembre 1880, à la ferme de la Tête-d'Or, se trouvaient cinq génisses qui avaient été saillies pour la première fois dans le courant du mois de septembre, c'est-à-dire soixante-huit jours avant l'inoculation intraveineuse. Ces cinq génisses conçurent ; leur gestation fut régulière, excepté chez l'une d'elles qui mit bas prématurément, au huitième mois, un produit qui survécut d'ailleurs.

Les cinq veaux issus de ces génisses furent inoculés de douze à seize jours après leur naissance avec 1/2 centimètre cube de virus très actif, et quelques jours plus tard avec 1 gramme ; aucun d'eux n'en ressentit d'effets graves. L'action locale du virus a été nulle, l'action générale insignifiante.

Conséquemment, une femelle de l'espèce bovine qui reçoit l'immunité contre le charbon bactérien pendant les premiers mois de la gestation la transmet au produit issu de cette gestation. Nous ne saurions dire, pour le moment, si elle la transmettrait aux produits des gestations ultérieures.

Toutefois, voici deux faits bien dignes de susciter les réflexions sur ce sujet :

Deux des génisses inoculées en novembre 1880 n'avaient pas été fécondées par l'accouplement du mois de septembre précédent. On les fit saillir de nouveau, et cette fois avec succès : l'une vingt jours, l'autre trois mois et demi après l'inoculation préventive, par un taureau inoculé, lui aussi, à la même date et doué de l'immunité; on obtint deux veaux qui résistèrent à l'épreuve aussi bien que les précédents.

Rappelons ici que si les veaux nés de parents non vaccinés résistent à l'inoculation de 2, 3, 5 et même 6 gouttes de virus, nous les avons toujours vus succomber à l'insertion de 10 gouttes, faite de leur naissance au quinzième jour. Or, les jeunes, issus de mères vaccinées, éprouvés d'emblée avec 10 gouttes et quelques jours après avec 20 gouttes, ont parfaitement supporté l'épreuve comme il vient d'être dit. Nous nous croyons donc autorisés à admettre, au moins pour la gestation qui s'effectue ou qui a commencé peu de temps après la vaccination, la transmission de l'immunité de la mère à son produit. Si l'on veut bien se reporter à la démonstration que nous avons donnée au chapitre VII du passage des éléments virulents de la mère au fœtus, on y trouvera l'interprétation et l'explication de ce fait d'hérédité maternelle.

f. Irrégularités survenues pendant les inoculations. — Si l'opérateur a des raisons de craindre que le virus ne soit pas resté dans la plaie en quantité suffisante, soit parce que le trajet s'ouvrait au dehors par ses deux extrémités, soit parce qu'il s'est fait un reflux pendant ou après l'injection, il doit renouveler l'inoculation manquée, quelques jours plus tard. Lorsque l'irrégularité se sera produite à la première inoculation, il faudra réinoculer le premier vaccin avant de passer à l'inoculation du second.

g. Considération relative à la nocuité des vaccinés pour les animaux sains. — Il résulte de la connaissance de la pathogénie de la maladie et de son microbe que les animaux inoculés sur lesquels la maladie bénigne évolue ne font courir aucun risque à leurs voisins.

Toute idée de contamination d'une étable par l'emploi des vaccinations doit être bannie de l'esprit du praticien.

Épreuve des inoculés. — On peut être appelé à fournir la démonstration de l'efficacité des inoculations préventives. En pareil cas, on inocule comparativement les vaccinés et un ou plusieurs témoins avec la même quantité de virus naturel. Il importe de proportionner la dose de virus au degré de résistance des espèces sur lesquelles on a entrepris la démonstration. Si l'on a choisi le mouton, il ne faut pas dépasser la dose de cinq gouttes de virus naturel; si on opère sur le bœuf, on peut arriver à dix gouttes.

L'inoculation d'épreuve est suivie parfois, sur certains sujets, d'un gonflement chaud et douloureux qui peut faire craindre au premier abord que la vaccination soit restée inefficace. On ne doit pas se hâter de conclure ni s'effrayer prématurément, car ce gonflement disparaît assez rapidement. D'ailleurs, si l'on compare l'état de ces animaux à celui des témoins, on constate, dès le début des accidents, une grande différence dans l'intensité et le nombre des phénomènes alarmants. Il est très rare que, malgré la tuméfaction, les animaux inoculés perdent l'appétit, leur gaîté et leur vivacité. Nous nous plaisons à donner ces renseignements, pour éviter des jugements préconçus et de fausses alertes.

ARTICLE IV

SUITES DES INOCULATIONS PRÉVENTIVES.

Ordinairement, les effets immédiats de l'inoculation sont insignifiants et passent inaperçus. On a signalé bien rarement un état fébrile digne d'être noté. Voilà pour les effets généraux.

Quant aux effets locaux, ils se bornent habituellement à un engorgement chaud et douloureux de l'extrémité de l'appendice caudal, qui, règle générale, se dissipe promptement. Par exception, on a vu survenir, au point d'inoculation, un abcès consécutif à l'introduction de quelque corps étranger au moment de l'inoculation, ou à la blessure d'une vertèbre caudale ou d'un disque cartilagineux intervertébral. Le plus souvent, cet accident s'est terminé simplement ; parfois, il a entraîné la chute ou la déviation de l'extrémité de la queue. Si l'inoculation a été faite à l'oreille, la conque devient chaude ; une légère induration fugace apparaît au point d'inoculation, et les ganglions sous-maxillaires s'engorgent modérément.

Voilà pour les accidents locaux.

On ne saurait insister plus longuement sur ces complications légères.

Il vaut mieux envisager de près la possibilité de voir survenir, après l'inoculation du virus atténué, un charbon symptomatique complet et mortel. Cet accident est toujours possible avec l'emploi des virus atténués, et il s'explique fort bien, puisque l'immunité subséquente résulte de l'évolution imparfaite d'une maladie semblable à celle que l'on veut prévenir. Moins le virus sera atténué, plus grande sera la préservation et plus grande aussi sera la chance de voir évoluer une maladie mortelle.

Il ne serait évité que si l'on pouvait à coup sûr atténuer uniformément toutes les parcelles du virus et si l'on pouvait proportionner l'atténuation au degré de réceptivité et d'impressionnabilité des sujets. Malheureusement nous sommes loin de ce degré de perfection, car si l'on assimile l'organisme des animaux à un milieu de culture, il présente, par le fait même de la nutrition, des changements de composition qui tantôt augmenteront, tantôt diminueront sa réceptivité. Or on conçoit qu'il est impossible, dans l'état actuel de la science, de connaître ces changements.

Puisqu'il faut se résigner à prendre la méthode avec ses imperfections, voyons exactement l'importance des dangers auxquels elle expose.

Nous avons fait sur ce point une enquête minutieuse. Nous avons prié tous les vétérinaires français et suisses qui ont pratiqué des inoculations du mois d'octobre 1883 au mois de mai 1884 et pendant 1885, de vouloir bien nous communiquer le chiffre des animaux qu'ils avaient vaccinés et le nombre des cas de mort qu'ils pouvaient imputer à l'inoculation. Le plus grand nombre ont répondu à notre appel et nous sommes heureux de les en remercier.

Or, sur 5825 animaux inoculés par des vétérinaires français, on a observé 8 cas de mort, et sur 23,682 animaux inoculés par des vétérinaires suisses en 1884, on a signalé 13 cas de mort.

D'où il résulte que, pendant la campagne 1883-1884, la mortalité suite de l'inoculation contre le charbon symptomatique a été :

En France, de 1,50 pour 1000 ;

En Suisse, de 0,54 pour 1000.

Si l'on totalise les nombres de vaccinés et les chiffres de la mortalité, sans distinction de pays, on arrive à la moyenne de 1,02 pour 1000.

Il faut ajouter que les accidents mortels se montrent avec une irrégularité que l'on s'explique difficilement jusqu'à ce jour. Tel vétérinaire vaccine 1000 à 1200 bêtes sans observer un cas de mort, tel autre inocule une dizaine d'animaux et en perd deux ou trois.

Les moindres détails qui accompagnent les inoculations devraient donc être notés avec le plus grand soin par les vaccinateurs, des renseignements très précis devraient être recueillis sur l'âge, le régime, le sexe des animaux, la température, etc., etc., afin que les conditions dans lesquelles se produisent ces accidents puissent être déterminées et conséquemment évitées.

CHAPITRE X

RÉSULTATS ÉCONOMIQUES DES INOCULATIONS PRÉVENTIVES CONTRE
LE CHARBON SYMPTOMATIQUE.

C'est au mois de novembre 1880 que nous avons commencé à employer les inoculations au point de vue prophylactique. D'abord nous avons fait usage des injections intraveineuses de virus naturel. Mais tant que ce procédé a été seul usité, le nombre des inoculations est resté assez minime. Ensuite, nous avons préconisé les injections souscutanées des virus atténués et, à partir de cette époque, l'inoculation préventive s'est propagée rapidement en France, et surtout en Suisse et dans les pays alpestres circonvoisins, ainsi que dans plusieurs localités de l'empire allemand. Elle a même été pratiquée dans les États-Unis sur l'initiative de notre compatriote M. Liautard.

Nous parlerons de la valeur préventive des unes et des autres.

ARTICLE PREMIER

VALEUR PRÉVENTIVE DES INJECTIONS INTRAVEINEUSES DE VIRUS NATUREL.

Ces inoculations ont été faites pour la première fois, au mois de novembre 1880, chez M. Caubet, cultivateur à la ferme de la Tête-d'Or (Rhône), qui venait de perdre, dans l'espace de quelques mois, quatre bêtes du charbon bactérien sur un effectif de quarante têtes.

Le nombre d'animaux inoculés chez lui fut de 21 ; ils appartenaient aux races ou variétés Schwytz, femeline, bretonne, hollandaise, Durham, cotentine, d'Ayr et de Jersey.

Au mois de février 1881, nous nous sommes transportés, sous les auspices du Ministère de l'agriculture, dans une partie du département de la Haute-Marne qu'arrose la Meuse, désignée sous le nom de Bassigny et fréquemment visitée par le charbon, comme il a déjà été dit. Là, nous avons inoculé 245 animaux dans les quatre communes de Dammartin, Avrecourt, Saulxures et Meuse, et dans la ferme de Damphal.

Dans le courant d'avril suivant, nous trouvant en Algérie à l'occasion du congrès de l'Association française pour l'avancement des sciences, nous fûmes vivement intéressés par le récit des pertes que le charbon bactérien inflige au bétail de notre colonie. Pour faire connaître notre méthode, nous avons pratiqué devant quelques vétérinaires algériens seize inoculations dans la plaine de la Mitidja, dans les fermes de M. Arlès-Dufour et de Mme Lescane, et douze dans la province d'Oran, sur les bords du lac Misserghin, dans la ferme de M. Duverryer.

Au mois de novembre de la même année, l'un de nous inocula, à la demande des propriétaires, 40 animaux dans trois villages du Bassigny.

En 1882, nous nous sommes transportés dans le pays de Gex, à la prière de quelques amodiateurs d'alpages, et là, sous les auspices du Comice agricole, nous avons inoculé : 43 bêtes à Segny, 34 à Gex et 2 à Pouilly-Saint-Genis ; soit 79 en totalité.

Enfin, dans les six derniers mois de 1882, l'un de nous a

vacciné une centaine de bêtes dans les communes haut-marnaises de sa circonscription.

Nous avons donc inoculé par injection intraveineuse plus de 500 bêtes bovines, représentant une valeur d'environ 115,000 francs.

Or, si nous comparons la mortalité causée par le charbon symptomatique avant et après l'usage de l'inoculation préventive dans le Rhône et la Haute-Marne, nous pouvons dresser le tableau suivant :

LOCALITÉS.	PROPORTION du bétail vacciné.	PERTES en 1880, avant la vaccination.	PERTES en 1881, après la vaccination.	REMARQUES.
Ferme de la Tête-d'Or (Rhône)..	La totalité.	4	»	La maladie est survenue sur un agneau à la ferme de la Tête-d'Or .
Commune de Dammartin (Hte-M.).	1/2	6	3	
— d'Avrecourt —	Presque tout.	9	1	
— de Saulxures —	2/3	40	6	
— de Meuse —	Presque tout.	10	1	
Ferme de Damphal —	La totalité.	5	»	
		74	11	

lequel démontre manifestement l'heureuse influence de l'inoculation.

Complétons ce tableau par quelques explications :

Dans les fermes de la Tête-d'Or et de Damphal, où nous avons vacciné tout le jeune bétail bovin, la mortalité s'est brusquement arrêtée.

Il s'est passé à la ferme de Damphal un fait que nous voulons relever, parce qu'il nous semble démonstratif de l'efficacité des inoculations préventives. En 1882, la Société d'agriculture de l'arrondissement de Langres importa de

Suisse quelques taureaux qu'elle revendit aux agriculteurs de sa circonscription. M. S..., fermier à Damphal, acheta un de ces taureaux, *qui mourut du charbon symptomatique quinze jours après son introduction* dans les étables de la ferme, tandis que les autres animaux continuèrent à se montrer réfractaires.

Dans la commune de Meuse, à notre arrivée, tous les propriétaires nous amenèrent avec grand empressement leurs jeunes bovidés; deux seulement se tinrent à l'écart. Or, l'unique animal mort en 1881 du charbon bactérien à Meuse appartient précisément à l'un des deux cultivateurs précités.

Dans la commune de Saulxures, depuis longtemps une des plus éprouvées du département de la Haute-Marne, la mortalité est tombée de 40 à 6. Un cultivateur, M. L..., possédait dans son étable au moment où nous pratiquions les inoculations 3 jeunes bêtes; 2 ont été vaccinées, 1 ne l'a pas été. Cette dernière a succombé au mal de cuisse au moment de la poussée charbonneuse qui a envahi le village à l'automne.

Mais voici des renseignements d'un autre ordre : voisins des quatre communes haut-marnaises où nous avons inoculé préventivement en février 1881, et dans la zone infectée, se trouvent les villages de Rançonnières et de Lavernoy. Le temps dont nous disposions ne nous permit pas de nous y rendre à cette époque, circonstance qu'on peut qualifier d'heureuse pour la démonstration que nous poursuivons, puisqu'elle va nous permettre de répondre à l'objection qui pourrait nous être faite que le charbon, par suite de causes indéterminées, a été *naturellement* moins meurtrier en 1881 que les années précédentes. Voici l'état des pertes causées par le charbon bactérien dans ces deux localités :

LOCALITÉS.	PERTES en 1880.	PERTES dans les 10 premiers mois de 1881.
Commune de Rançonnières.............	12	11
— Lavernoy..................	14	12

Au commencement du mois de novembre 1881, une poussée de charbon s'abattit sur ces deux communes; les habitants s'empressèrent de prier l'un de nous de venir pratiquer des inoculations, et depuis ce moment (4 novembre 1881) jusqu'à la fin de 1881, le *charbon n'a point reparu* dans les étables où l'inoculation préventive a été appliquée.

Nous n'avons pas eu de nouvelles de l'état sanitaire du bétail des deux fermes de la Mitidja où nous avions inoculé seize bêtes en avril 1881. Par contre, M. Brémond, vétérinaire, chef du service des épizooties du département d'Oran, nous a informé par lettre du 25 novembre 1882, que jusqu'à ce jour pas un cas de charbon bactérien ne s'était montré dans la ferme de M. Duverryer, sur les bords du lac Misserghin, où nous avions pratiqué douze inoculations. De plus M. Brémond a donné de l'efficacité de nos vaccinations une démonstration sur laquelle nous allons revenir tout à l'heure.

Quant au résultat des inoculations préventives pratiquées par nous dans le pays de Gex, nous ne pouvons mieux agir pour le faire connaître, que de reproduire ici le rapport adressé par le docteur Gerlier au président du Comice agricole de l'arrondissement de Gex ; voici ce document :

RAPPORT

A M. LE PRÉSIDENT DU COMICE AGRICOLE DE GEX

Sur les résultats de l'inoculation contre le charbon symptomatique
dans le pays de Gex.

Les inoculations préventives du charbon symptomatique, entreprises
par MM. Arloing et Cornevin, dans le pays de Gex, au mois de juin 1882,
à la demande du Comice agricole de l'arrondissement, ont été couron-
nées de succès.

Les 78 jeunes bovidés vaccinés à Segny, Gex et Saint-Genis, par l
méthode intraveineuse, sont redescendus de l'alpage sains et saufs.
Aucun n'a succombé au quartier ou charbon symptomatique, ni à
quelque autre maladie.

Ce résultat n'aurait rien de merveilleux et ne serait nullement con-
cluant si le charbon symptomatique n'avait exercé cette année aucun
ravage dans nos montagnes, et si, vaccinées ou non, toutes les bêtes
avaient été indistinctement préservées. Or il n'en a pas été ainsi.

Voici les renseignements réunis à grand'peine, par la persévérance et
l'activité d'un amodiateur qui veut arriver à la vérité et qui ne se laisse
pas arrêter, comme les autres, par la crainte de discréditer les montagnes. Sans lui, les résultats de la campagne de 1882 seraient perdus
pour la science.

Les bêtes inoculées se sont trouvées pour la plupart disséminées
dans quatre chalets du voisinage de la Dôle. Ce sont ceux de la Baronne, de la Girondette, de la Greffière et de la Pillarde.

A la Baronne (Suisse), qui comptait 30 bêtes vaccinées, pas un cas
de charbon symptomatique ne s'est déclaré, et l'expérience est nulle.

La Girondette (Gex) comptait 49 bovidés de moins de quatre ans,
dont 24 inoculés et 25 non inoculés; 2 de ces derniers ont péri du
charbon symptomatique.

A la Greffière (Gex), pâturaient 12 bêtes de moins de quatre ans :
7 inoculées et 5 non inoculées ; 2 des 5 qui n'avaient pas subi
l'opération ont été victimes du charbon symptomatique. Résultat qui
ne peut guère être attribué au hasard et qui constitue une forte pro-
babilité.

La Pillarde (Gex) avait dans son troupeau 80 bêtes de moins de
quatre ans, dont 3 seulement avaient été inoculées. La mortalité par

le charbon symptomatique y a été de 3 et a porté naturellement sur les non inoculés.

Mais pour éclairer la question, il importe encore de suivre la maladie dans les autres chalets du massif de la Dôle ne contenant pas d'animaux inoculés.

Le charbon symptomatique s'y est montré dans les proportions suivantes :

A la Chenaillette, sur 30 bêtes de moins de quatre ans, 5 décès, soit 1/15.

A la Germine, sur 13 bêtes de moins de quatre ans, 4 décès, soit 1/3.

A la Petroule (Vaud), sur environ 49 bêtes âgées de moins de quatre ans, 9 décès, soit 1/5.

Au Reculé (Vaud), sur environ 40 bêtes âgées de moins de quatre ans, 3 décès, soit 1/13.

Au Bossaton, sur 30 bêtes âgées de moins de quatre ans, 2 décès, soit 1/15.

Aux Dappes, sur 20 bêtes âgées de moins de quatre ans, pas de décès.

On peut conclure de tout ceci :

1° Que la mortalité des jeunes bovidés dans la région de la Dôle a été d'au moins 1/30 par le charbon symptomatique;

2° Que l'ensemble des faits ne permet pas de révoquer en doute que les inoculations de MM. Arloing et Cornevin ne confèrent au bétail l'immunité.

La tentative du Comice agricole de Gex contribuera donc au progrès de la science et à la prospérité locale.   Dʳ GERLIER.

Tels sont les faits démonstratifs et fort encourageants que nous a fournis la pratique de la vaccination faite sur une large échelle, en pleine campagne.

Au surplus, une démonstration publique de l'efficacité des inoculations intraveineuses a été fournie à Chaumont, sous les auspices du Conseil général, de la Société d'agriculture et de la Société vétérinaire de la Haute-Marne.

La démonstration eut lieu le 26 septembre 1881, en présence d'une très nombreuse assistance où se trouvaient des représentants de l'administration, des corps élus, de la presse, et où dominaient naturellement les médecins et les vétérinaires. H. Bouley, que M. le Ministre de l'agriculture avait délégué pour assister à cette démonstration, en rendit compte à l'Académie des sciences, dans les termes suivants :

« Les expériences de Pouilly-le-Fort et de Chartres sur la vaccination de la fièvre charbonneuse ont abouti à des résultats si convaincants, qu'un grand nombre d'agriculteurs se sont empressés de faire mettre leurs troupeaux sous la protection de cette mesure de prophylaxie démontrée si efficace.

« Le Conseil général de la Haute-Marne a pensé qu'il serait utile de recourir au même procédé de démonstration pour entraîner les convictions des propriétaires des localités où sévit le charbon symptomatique, et les déterminer, eux aussi, à soumettre avec confiance leurs animaux à la vaccination spéciale, dont les expériences déjà nombreuses de MM. Arloing, Cornevin et Thomas ont démontré l'efficacité. Le Conseil général a, en conséquence, voté des fonds pour que des expériences publiques fussent faites à Chaumont en vue de ce résultat. La Société vétérinaire de la Haute-Marne a voulu très libéralement participer aux frais de cette utile entreprise, et, grâce à ces ressources, un groupe de vingt-cinq animaux a pu être acheté pour être soumis aux expériences destinées à prouver l'efficacité de l'inoculation préventive contre le charbon symptomatique.

« J'ai reçu du ministre de l'agriculture la mission d'assister à ces expériences, qui ont pleinement réussi. J'ai pensé que l'Académie en entendrait la relation avec intérêt, car il s'agit d'une découverte qui dissipe les obscurités d'une question de médecine pratique jusqu'à présent non résolue, et fait faire à la prophylaxie par inoculation un progrès considérable.

. . . .

« J'arrive maintenant à la relation de l'expérience faite publiquement à Chaumont le 26 septembre dernier, devant une assistance très nombreuse, et qui ne laissait pas de gêner, par son empressement, les opérateurs.

« Vingt-cinq jeunes animaux de l'espèce bovine avaient été réunis pour être soumis à l'épreuve de l'inoculation charbonneuse. Sur ce nombre, treize avaient été vaccinés au mois de février dernier par injection intraveineuse, et douze étaient vierges de toute inoculation. Pour que les conditions fussent rigoureusement égales, ou accoupla deux à deux les animaux à éprouver, et le contenu de la même seringue servait à inoculer chaque couple, chacun des sujets en recevant la moitié.

« L'injection fut faite à la face interne d'une cuisse, l'aiguille étant plongée assez profondément pour qu'elle pénétrât dans le tissu musculaire.

« Cela fait, les animaux furent séparés en deux lots, et logés dans deux étables isolées ; les vaccinés d'un côté, les non vaccinés de l'autre.

« Dès le lendemain, la disparate était frappante entre les deux groupes. Tandis que les animaux vaccinés présentaient toutes les apparences de la santé, avides d'aliments, mangeant, gais, et manifestant leur énergie par des bonds quand on les conduisait à l'abreuvoir ; ceux de l'autre groupe, un seul excepté, étaient abattus, tristes, refusant de manger pour la plupart, lents dans leurs mouvements, et presque tous boiteux de la jambe sur laquelle l'inoculation avait été pratiquée. Sur les onze malades, la tuméfaction était déjà manifeste, à des degrés divers, au point de l'inoculation, et la température du corps s'était élevée à 40°, 41° et au delà pour quelques-uns.

« Le lendemain, mercredi, 4 morts.

« Le surlendemain, jeudi, 2 morts.

« Le vendredi, 2 morts.

« 9 en tout, sur 11 malades.

« Les deux survivants, sur lesquels l'inoculation avait pris, étaient encore malades le samedi, mais sur l'un notamment, les symptômes s'amendaient assez pour donner à penser qu'il sortirait la vie sauve de cette épreuve. Quant à l'autre, la question restait douteuse.

« Ainsi, sur 13 animaux vaccinés, l'inoculation du virus dans les tissus cellulaire et musculaire n'a été suivie d'aucun effet local ou général, si ce n'est sur une génisse où s'est montrée une petite tuméfaction rapidement disparue. Tous sont sortis indemnes de cette épreuve.

« Sur 12 animaux non vaccinés, 1 seul réfractaire. Les 11 autres très malades. 9 frappés à mort successivement, par groupes de 4, 3 et 2, dans les trois jours consécutifs à l'opération. 2 survivant le quatrième jour : 1 avec des signes indiquant qu'il résisterait à l'injection subie, et l'autre dans un état encore incertain au moment où les derniers renseignements me sont parvenus.

« Tels ont été les résultats des expériences de Chaumont, résultats très concluants, on le voit, en faveur de l'efficacité préventive de l'inoculation par le procédé d'injection intraveineuse.

« Une particularité doit être signalée ici : c'est la force de résistance plus grande des sujets sur lesquels on a expérimenté dans la Haute-Marne, relativement à ceux qui ont été soumis à Lyon aux mêmes épreuves. Ceux-ci ont succombé tous, et dans un temps rapide, quand ils n'étaient pas vaccinés. A Chaumont, les accidents mortels se sont échelonnés dans les trois jours consécutifs à l'inoculation; deux animaux avaient eu assez de résistance pour n'y avoir pas succombé le quatrième jour. L'un d'eux était en voie de s'en remettre. Enfin, un douzième s'était montré complètement réfractaire. Une enquête faite sur sa provenance a appris qu'il sortait d'une étable où le charbon symptomatique avait sévi un an auparavant, et avait fait quatre victimes. Le réfractaire des expériences de Chaumont s'était vacciné spontanément dans le milieu infesté où il avait séjourné.

« Ce fait ne paraît pas isolé, et au point de vue de la médecine générale, il présente un grand intérêt. Quand les expérimentateurs lyonnais firent, au mois de février dernier, leurs expériences d'inoculation sur deux cent quarante sujets environ du Bassigny, les propriétaires des communes où ils se rendirent leur firent observer qu'il était inutile de vacciner les sujets qui avaient dépassé quatre ans, attendu qu'ils n'étaient plus exposés à contracter le charbon ; cette maladie, d'après leurs affirmations, ne sévissant que sur les jeunes. Les expérimentateurs lyonnais ont voulu soumettre cette observation au contrôle de l'expérimentation directe. Ils sont parvenus à se procurer une vieille vache de quatorze ans du Bassigny, et une autre du même âge venant d'une localité située en dehors du périmètre où le charbon sévit. Toutes deux ont reçu une même dose du même virus dans la même région. La vache du Bassigny n'en a rien ressenti, l'autre est morte du charbon symptomatique. Cette expérience, tout unique qu'elle soit, a cependant une grande signification quand on la rapproche des faits que la tradition a recueillis.

« Il y a de grandes probabilités que, dans les foyers épidémiques et épizootiques, les immunités des individus se rattachent à des vaccinations spontanées qui donnent aux sujets qui les ont éprouvées les conditions de leur résistance.

« Pour en revenir aux expériences de Chaumont, on peut voir, d'après cette relation, qu'elles sont absolument confirmatives de celles que MM. Arloing, Cornevin et Thomas avaient faites antérieurement, et dont ils ont donné communication à l'Académie dans un mémoire qu'ils lui ont adressé pour le concours du prix Bréant.

« La double découverte qu'ils ont faite de la nature du charbon symptomatique et de l'efficacité de la vaccination par le procédé d'injection intraveineuse vient de recevoir une consécration publique qui ne peut laisser aucun doute sur sa réalité. »

Nous ajouterons que nos recherches et les quelques inoculations pratiquées à Aïn-Beïda ont éveillé l'attention publique dans le département d'Oran, dont le bétail paye un lourd tribut au charbon symptomatique. Le Conseil général oranais ouvrit un crédit de 1000 francs à notre confrère, M. Brémond, pour le mettre à même de donner la preuve, par une démonstration publique, que les bêtes opérées par nous chez M. Duveyrrier possédaient réellement l'immunité.

M. Brémond a fait venir à Oran quatre des animaux de M. Duveyrrier vaccinés par nous dix-huit mois auparavant, et là, par des inoculations faites sur ces bêtes et sur quatre témoins, vierges de toute inoculation préventive, il a donné la preuve que nous avions fournie à Chaumont (1).

Cette même preuve, le conseil général de la Haute-Saône nous l'a demandée aussi, et nous nous sommes empressés de déférer à son désir.

ARTICLE II

VALEUR PRÉVENTIVE DES INJECTIONS SOUS-CUTANÉES DE VIRUS ATTÉNUÉS.

La première vaccination sous-cutanée qui fut pratiquée en dehors du laboratoire a été faite au mois de juin 1882, à

---

(1) Rapport au Conseil général d'Oran et *Journal de médecine vétérinaire et de zootechnie*, année 1883, p. 196 et suiv.

Vesoul, sur un lot de quatre bêtes mis à notre disposition par la Société d'encouragement à l'agriculture de la Haute-Saône.

Dans les mois de mars et avril 1883, l'un de nous a inoculé 75 bouvillons et génisses dans quelques villages du département de la Haute-Marne. Au mois de mai de la même année, appelés de nouveau dans le pays de Gex, nous y avons inoculé 126 bêtes bovines.

Au courant de l'année 1883, quelques vétérinaires français parmi lesquels nous nous plaisons à citer M. Amiot, de l'Yonne et M. Dubois, de la Charente, pratiquaient aussi un petit nombre de vaccinations. Mais, tandis que la méthode s'étendait lentement en France, malgré les efforts louables de certaines municipalités, comme celle d'Avoudrey, arrondissement de Baumes-les-Dames (Doubs) et de plusieurs sociétés, telles que la Société d'agriculture et la Société vétérinaire du Puy-de-Dôme, l'Association scientifique de la Haute-Loire, etc., elle recevait en Suisse un accueil empressé sous le patronage de M. Strebel, de Fribourg, de M. Berdez, directeur de l'École vétérinaire de Berne et de M. Hess, professeur à la même École. En 1884, on pratiquait plus de 2 200 inoculations dans la Suisse romande, et en 1885, plus de 32 000 dans divers cantons de la Confédération. Ce chiffre sera probablement plus considérable en 1886.

De la Suisse, la méthode a pénétré dans le Tyrol, grâce à la Société de culture d'Insprück ; dans le Vorarlberg, sous les auspices du conseil communal de Brégenz ; dans la Prusse Rhénane, par les soins de M. Schmitt, vétérinaire ; dans le duché de Bade, par ceux de M. Lydtin. M. Wehenkel, directeur de l'École vétérinaire de Bruxelles, l'a introduite en Belgique ; M. le professeur Perroncito, en Italie. Enfin, nous savons qu'elle a été mise à l'épreuve à Munich par le professeur Kitt.

Il est donc possible aujourd'hui de dresser des statistiques imposantes d'où l'on pourra extraire des renseignements précieux sur le point que nous examinons.

Voyons les résultats qui ont été obtenus en France. Nous avons reçu des renseignements sur 5 835 inoculations, parmi lesquelles 1 455 ont été pratiquées sur des bovidés ayant moins d'un an. Les pertes moyennes causées par le charbon symptomatique dans les localités ou les fermes où les opérations ont été faites étaient de 10,84 p. 100 sur les animaux au-dessous d'un an, et de 17,37 p. 100 sur les animaux au-dessus d'un an. Après l'inoculation, les pertes sur l'ensemble se sont abaissées à 2,15 p. 100.

Si nous prenons pour moyenne générale de la mortalité avant les vaccinations 15,50 p. 100, l'inoculation a donc procuré la conservation de 12,35 sujets p. 100.

Cet avantage a été obtenu au prix d'une perte de 1,5 p. 1000 ou de 0,015 p. 100. De sorte que la préservation réelle a été 12,335 p. 100.

Passons aux résultats obtenus par les vétérinaires suisses, et citons d'abord le rapport de M. Strebel père, vétérinaire à Fribourg, sur les inoculations pratiquées dans son pays, au printemps 1884 (1) :

« On a inoculé, au printemps de 1884, 2,199 jeunes bovidés, qui se répartissent entre les cantons nommés ci-après comme suit : 743 animaux inoculés dans le canton de Fribourg, dont 392 par l'auteur de ces lignes, 157 par son fils établi dans la Gruyère ; 172 par M. Sudan, à Bulle ; 22 par M. Ruffieux, à la Roche ; 300 par M. Cottier, de Cossonay ; 295 inoculés par M. Kummer, à Wismmis, dans le canton de Berne ; 281 inoculés par M. Isepponi,

____

(1) Strebel, Résultat des inoculations contre le charbon symptomatique pratiquées en Suisse en 1884, in *Journal de médecine vétérinaire et de zootechnie*, année 1884.

à Coire, dans le canton des Grisons; 31 inoculés par M. Schindler, à Mollis, dans le canton de Glaris; 21 inoculés par M. Eberlé, à Flums, dans le canton de Saint-Gall; 400 inoculés par M. Humberset, vétérinaire à Bégnins, dans le canton de Vaud, et 128 inoculés dans le Valais, à Vouvry, par M. le professeur Cornevin, de Lyon.

« A l'heure où j'écris ces lignes je possède des renseignements absolument certains sur 1 899 de ces bêtes que j'ai suivies ou dont mes confrères m'ont donné des nouvelles.

« De ces 1 899 bêtes vaccinées, qui séjournaient pendant l'été dans des pâturages dangereux, et même très dangereux pour la plupart, deux seulement ont été attaquées par le charbon symptomatique, l'une deux et l'autre quatre mois et demi après la seconde inoculation. En raison de ce que dans quelques alpages les bovidés non vaccinés et les vaccinés ont été épargnés par la terrible maladie, que, par conséquent, ici les résultats ne sont pas comparables, je ne prendrai en considération que les pâturages où se trouvaient des animaux vaccinés et des non vaccinés, et où le charbon symptomatique a fait des victimes. Il y a en tout 24 de ces montagnes dont 7 dans le canton de Fribourg, 4 dans le canton de Berne, 8 dans celui des Grisons, 2 dans celui de Saint-Gall et 3 dans celui de Vaud. Dans ces 24 alpages, très dangereux pour la plupart, ont estivé 908 bêtes vaccinées et environ 1 650 non vaccinées. Or, parmi les 908 animaux vaccinés, 2 seulement ont été attaqués par le quartier, soit 0,22 sur 100, tandis que parmi les 1650 non vaccinés on a compté 101 cas de charbon symptomatique = 6,12 p. 100. Si l'on examine le tableau des pertes dans les cantons que cela touche, nous trouvons la proportion suivante : dans le canton de Fribourg, il y eut, parmi les 66 animaux non vaccinés, 9 cas de charbon bactérien, c'est-

à-dire 13,6 p. 100 ; dans le canton de Berne, parmi 380
non vaccinés 34 cas = 9 p. 100 ; dans le canton des Grisons,
parmi 864 non vaccinés 41 cas ou 4,74 p. 100 ; dans le
canton de Saint-Gall, parmi 169 non vaccinés 4 cas de maladie ou 2,36 p. 100 ; et dans le canton de Vaud, parmi 131
non vaccinés 13 cas = 10 p. 100. Tandis que la proportion
des pertes chez les 908 vaccinés n'est que de 0,22 p. 100,
elle est, par contre, parmi les 1 650 non vaccinés, de 6,1
p. 100, d'où il résulte que *le chiffre des pertes est parmi les
non vaccinés* 28 *fois plus grand que chez les vaccinés.*

« De pareils chiffres, je veux dire de pareils résultats,
parlent très éloquemment en faveur de l'efficacité de l'inoculation préventive du charbon symptomatique contre les
attaques naturelles de celui-ci. Mais ces résultats sont, en
réalité, encore bien plus favorables qu'ils ne le paraissent.
Voici pourquoi : dans un pâturage de la commune de
Vouvry, canton du Valais, on a perdu durant 8 ans, de
1876 à 1883 inclus, 69 génissons sur 1049 (= 6,3 pour 100)
qui y ont alpé. Ce printemps, tout le troupeau composé
de 128 têtes fut vacciné par M. le professeur Cornevin,
de Lyon. A l'automne, il est descendu *tout entier* sain et
sauf de la montagne, ce qui ne s'était pas vu depuis dix ans.
Au pâturage des Sapels, dans le canton de Vaud, il y a eu
en moyenne depuis dix ans, sur un nombre de 127 à
130 pièces de jeunes bêtes, une perte de 10 à 15, soit 8 à
11 p. 100, tandis que cette année, grâce à la vaccination, il
n'y a pas eu *un seul cas* de charbon symptomatique. De
mon côté, j'ai observé des faits analogues dans le canton
de Fribourg. Dans deux troupeaux vaccinés tout entiers et
ayant estivé dans des pâturages où auparavant on avait,
chaque année, des cas de charbon symptomatique à enre-
gistrer, il n'y a eu cette année-ci aucun cas à noter. Il faut
ensuite mentionner une autre circonstance importante.

Parmi les 864 bêtes non vaccinées dans le canton des Grisons il y en avait 145 dépassant l'âge de 3 ans, et dans le canton de Berne, parmi 380 non vaccinées 80 dépassaient aussi cet âge, après lequel les animaux ne sont que très exceptionnellement attaqués du charbon bactérien. En défalquant ces 225 animaux des 1650 non vaccinés, il ne reste que 1425 avec une perte de 101, c'est-à-dire de 7 p. 100. Je dirai aussi qu'à mon sens la perte de deux animaux vaccinés ne peut, rigoureusement, pas être considérée comme un insuccès. En voici les raisons : l'un des insuccès constatés à Tavel sur une génisse doit être attribué à l'imperfection de l'opération : à la seconde inoculation, il arriva que presque tout le liquide vaccinal ressortit après son injection. De là, l'absorption du virus fut à peu près nulle et, partant, le peu de virus absorbé ne put pas conférer à l'animal l'immunité voulue. Le second cas d'insuccès chez une génisse de 14 mois (au Hohberg) s'explique aussi facilement. La seconde inoculation se fit dans de mauvaises conditions. On opéra mal et il y eut une hémorrhagie abondante.

« En présence des résultats qui viennent d'être exposés, on peut sans témérité affirmer que, le printemps prochain, on inoculera sur une très vaste échelle en Suisse. J'estime à 20 000 le nombre de bêtes que l'on va soumettre à cette opération.

« Sur les 1899 vaccinations que j'ai suivies ou dont mes confrères m'ont donné des nouvelles, 13 ont occasionné des accidents. Ceux-ci étaient insignifiants dans 6 cas, un peu plus graves dans 7 cas que je dois mentionner : 1 génisse dans le canton de Berne, ainsi que 2 génisses et 1 taureau dans le canton de Fribourg (dans la Gruyère) ont, par suite de la nécrose, perdu la queue à l'endroit où a été pratiquée l'opération; 2 autres génisses auraient eu à la suite de la vaccination la queue courbée au niveau de l'opération. De tels accidents qui, à mon sens, doivent être attribués à ce que le trocart a été enfoncé dans une vertèbre ou dans une articulation caudale, pourraient, avec quelque attention de la part du vaccinateur, ainsi qu'avec un peu moins de laisser-aller de la part des gardiens de troupeaux et des propriétaires, être évités. Chez une autre génisse il y a eu, 6 à 7 jours après la seconde inoculation, mortification du dernier tiers de la queue, accident dont la cause, d'après ma manière de voir, doit uniquement être cherchée dans la circonstance que l'inoculation a été pratiquée dans une saison défavorable — vers la fin du mois de juin, — c'est-à-dire dans une saison trop chaude.

« M. Cottier, à Cossonay (Vaud), de son côté, a observé 6 accidents consécutifs à l'inoculation. A Pampigny, il a constaté, 3 à 5 jours après la première inoculation, chez une génisse et 4 veaux, appartenant à différents particuliers, le charbon symptomatique bien déterminé. Il a observé un sixième cas de charbon bactérien accidentel après la seconde inoculation. Les tumeurs qui se formaient, non à la région de la piqûre, mais aux cuisses, ressemblaient, dit M. Cottier, parfaitement aux tumeurs du charbon bactérien naturel. Chose digne de remarque, 5 fois ces accidents ont été sans gravité, car des incisions pratiquées dans les tumeurs ont suffi pour amener la guérison des bêtes dans les vingt-quatre heures. Il est probable que la sixième bête se fût également tirée d'affaire, mais le propriétaire effrayé la fit abattre de suite.

« M. Cottier a trouvé dans le sang et le liquide contenus dans la tumeur de la bête abattue, qu'il a examinés au microscope, des bactéries mobiles. Il s'explique ces 6 cas de charbon symptomatique accidentel et bénin par la grande disposition que ces animaux avaient pour contracter la maladie. D'autre part, il se demande aussi s'il n'a pas pratiqué l'inoculation trop haut, c'est-à-dire à une distance plus grande de l'extrémité de la queue que chez les autres restés indemnes. C'est, à mon sens, plutôt la dernière que la première supposition qui me semble être la plus plausible.

« Tous les autres animaux vaccinés n'ont pas trahi le moindre signe d'indisposition quelconque.

« Nous condensons dans le tableau ci-joint le résultat des vaccinations observées dans les pâturages dangereux.

CANTONS.	PATURAGES.	NOMBRE DES ANIMAUX		PERTES.	
		VACCINÉS.	NON VACCINÉS.	VACCINÉS.	NON VACCINÉS.
FRIBOURG.	Ettenberg............	22	24	»	2
	Bruch...............	6	5	»	2
	Hohberg............	33	»	1 (1)	»
	Tavel (étable).......	6	?	1 (2)	»
	La Praz (Lessoc)....	48	1	»	1
	Tissenisaz..........	40	2	»	1
	Vudallaz............	18	?	»	2
	Cousimberg.........	18	17	»	1
BERNE....	Neunenenberg.......	151	50 (3)	»	1
	Vorholzallmend....	39	?	»	7
	Mettenberg.........	51	93	»	7
	Niesenrevier........	48	?	»	19
GRISONS...	Churer-Alp.........	59	181	»	13
	Molinara...........	15	30	»	1
	Tarnutz............	39	103	»	5
	Trimmiser-Alp......	40	405 (4)	»	7
	Lerch (Igis)........	50	128	»	10
	Pleun..............	13	15	»	2
	Preuls (Sagens).....	8	27	»	1
	Schlonis...........	28	63	»	2
SAINT-GALL.	Gastilon...........	15	45	»	3
	Flums (village).....	6	124	»	1
VAUD.....	Croisettes..........	79	45	»	7
	Sagnettaz..........	66	56	»	4
	Aux Auges.........	10	30	»	2
		908	1650 (5)	2	101

(1) L'inoculation a été faite d'une manière imparfaite.
(2) L'inoculation ne put pas bien se faire.
(3) Tous avaient plus de trois ans.
(4) 125 animaux ayant dépassé l'âge de 3 ans.
(5) Nombre compté le plus approximativement possible.

Nous ajouterons à ce document le rapport officiel suivant adressé au département fédéral de l'agriculture, à Berne, par la Fédération des sociétés d'agriculture de la Suisse romande sur les inoculations qu'elle a fait pratiquer en 1885, avant la saison de l'alpage.

FÉDÉRATION DES SOCIÉTÉS D'AGRICULTURE DE LA SUISSE ROMANDE

RAPPORT SUR LES ESSAIS D'INOCULATION PRÉVENTIVE CONTRE LE CHARBON SYMPTOMATIQUE (QUARTIER).

« *Au département fédéral du commerce et de l'agriculture à Berne.*

« Monsieur le Conseiller fédéral,

« En 1884, à la demande de la Fédération des sociétés d'agriculture de la Suisse romande, le département fédéral de l'agriculture a bien voulu accorder, pour l'année présente, un subside de 1,000 francs pour faire des essais de vaccination contre le charbon symptomatique.

« Cette maladie, sévissant d'une manière plus ou moins intense dans certains alpages, il était donc intéressant de voir si la découverte de MM. Arloing, Cornevin et Thomas, consistant dans l'inoculation préventive de la maladie, ne pourrait être utilisée et nous éviter ainsi des pertes sensibles.

« Un programme fut élaboré et, après avoir été modifié par le département fédéral de l'agriculture, il fut envoyé aux sociétés fédérées qui s'étaient déclarées prêtes à faire des essais. D'après ce programme, le vaccin devait être fourni aux sociétés par la Fédération, et cela afin qu'ayant la même origine, les comparaisons fussent plus rigoureusement exactes. Les animaux de l'espèce bovine âgés de six mois à quatre ans devaient seuls être vaccinés; ceux déjà vaccinés en 1884 ne devaient pas l'être à nouveau.

« Quatre sociétés ont demandé à faire les essais de vaccination, ce sont : la Société fribourgeoise d'agriculture, la Société d'agriculture du Pied du Jura, la section d'Aigle de la Société vaudoise d'agriculture et de viticulture, et la Société industrielle et agricole de Martigny. Cette dernière Société a renoncé à ces essais déjà dans le courant de l'hiver.

« Nous reprendrons à part chacun des rapports de ces trois sociétés pour en faire ressortir les faits saillants.

Société fribourgeoise d'agriculture.

« Le rapport très détaillé de M. Strebel, vétérinaire, nous apprend que les essais de vaccination ont eu lieu dans 28 localités dont le bétail devait être estivé dans des pâturages réputés dangereux pour le *quartier*. 1 780 têtes de bétail ont été vaccinées soit par M. Strebel, soit par ses collègues : 865 dans la Gruyère, 415 dans la Sarine, 283 dans la Singine, 125 dans la Veveyse et 92 dans la Glâne. Sur ces 1 780 bêtes vaccinées, seulement 455 l'ont été avec du vaccin provenant de l'école vétérinaire de Lyon, et se trouvaient par conséquent dans les conditions exigées par le programme.

« Il est mort 4 bêtes du *quartier* sur les 1 780 vaccinées, et une seulement sur les 455 vaccinées avec le vaccin de Lyon, soit 0,22 p. 100. C'est là un résultat qui parle puissamment en faveur de l'efficacité de l'inoculation préventive du *quartier* avec le virus atténué. D'après le rapport des inspecteurs du bétail, il a été constaté jusqu'à la fin d'octobre parmi les bovidés non inoculés préventivement 108 cas de *quartier*.

« La vaccination a occasionné 14 accidents peu graves consistant en abcès plus ou moins grands qui se sont formés au point d'inoculation. Une seule génisse, après la seconde vaccination, a perdu la queue à l'endroit où a été pratiquée l'opération. De ces 14 accidents, 3 seulement se sont manifestés sur les bêtes vaccinées avec le vaccin de Lyon.

« Outre ces 1 780 inoculations, il a été pratiqué 1 032 inoculations particulières qui n'ont donné lieu à aucun accident mortel. On peut donc dire que sur 2 812 vaccinations, il n'y a eu que 4 insuccès, soit 1 sur 700, soit 0,14 p. 100.

« Le nombre des bêtes estivées dans les mêmes conditions que les vaccinées, mais qui n'ont pas subi l'opération, était de 4 000, sur lesquelles 108 ont péri du *quartier*, soit 2,5 p. 100.

« Il est fortement à désirer que nos éleveurs de bétail sachent profiter de la découverte de la vaccination des jeunes bovidés afin de mettre ceux-ci en grande partie à l'abri du *quartier*, maladie si meurtrière.

Société vaudoise d'agriculture (section d'Aigle).

« Le rapport de M. le vétérinaire Dufoit nous fournit également de précieux renseignements sur les essais de vaccination qu'il a dirigés cette année.

« La saison d'alpage s'étend du 20 mai au 8 octobre. En 1884, les rapports des inspecteurs de bétail de montagnes donnaient un total de 55 bêtes mortes du *quartier* sur un total de 7 369 bêtes alpées.

« Le vaccin employé fut celui de Lyon, préparé à l'école vétérinaire, et le mode de vaccination celui préconisé par MM. Arloing et Cornevin. Le vaccin est délayé et filtré à doses décimales de 10 à 50; la piqûre a lieu à la queue, et l'injection vaccinale a lieu au moyen de la seringue graduée et limitée par un curseur à vis. Avec quelques aides, on arrive à vacciner 25 à 30 bêtes par heure. L'inoculation peut être compromise par le partage inégal du vaccin, surtout quand on a des préparations pour un grand nombre de bêtes ; le même inconvénient survient si la seringue n'est pas agitée horizontalement, les éléments solides qui contiennent eux seuls le virus vaccinateur se rassemblent dans le fond de la seringue et augmentent ainsi une inoculation au détriment de l'autre. Il arrive aussi que le trocart poussé perpendiculairement à l'axe de la queue la traverse de part en part, le virus entrant d'un côté ressort de l'autre, ou bien, pour une cause ou pour une autre, la piqûre qui d'habitude laisse échapper un filet de sang pendant plusieurs minutes, entraîne le vaccin. Quelquefois aussi, le tissu de la queue est tellement dense que le trocart a peine à y pénétrer ; il en est de même du vaccin qui, quoi qu'on fasse, ressort en partie. Enfin, il faut ajouter les mouvements imprévus de l'animal au moment de l'introduction de la seringue. Il est très important de pousser doucement le piston de la seringue pour éviter le rejet du liquide en arrière, de même qu'en retirant celle-ci il convient de fermer un instant l'ouverture de la peau avec le bout du doigt.

« Les vaccinations ont toutes eu lieu du 23 avril au 5 mai.

« La seconde vaccination a eu lieu à dater du 7 mai, par un temps déplorable de pluie et de neige.

« Les phénomènes consécutifs qui ont été constatés sont quelques abcès développés au point d'inoculation, accidents bénins qui ont été guéris avec quelques soins de propreté. Il y a eu chute de queue de 4 centimètres sur un veau malingre. Un cas de mort est survenu trois jours après la seconde inoculation chez une génisse d'un an, avec tous les symptômes du *quartier*. Une tumeur charbonneuse au poitrail d'une génisse de deux ans, vaccinée, a amené un avortement et un dépérissement qui a nécessité l'abatage du sujet deux mois plus tard. Il y a bien eu encore quelques queues tuméfiées et rendues très douloureuses, mais dans la plupart des cas tout a passé inaperçu.

« Sur 7 434 bêtes alpées, 714 ont été vaccinées, et sur ce nombre une seule a succombé au pâturage.

« Dans certaines montagnes hantées par le *quartier*, la vaccination a eu des résultats surprenants : pas une bête vaccinée n'a péri. Par contre, des pâturages indemnes l'année dernière, ont eu des cas de mort.

« En résumé, la vaccination a eu les résultats suivants :

« En 1884, sur 7 369 têtes de bétail alpé, 55 ont péri du *quartier* pour une valeur de 9,395 francs. En 1885, sur 7 434 bêtes montées à l'alpage, 714 ont été vaccinées ; de ce nombre une a péri des suites de l'opération. Par contre, sur les 6 720 bêtes non vaccinées, 34 têtes, pour une valeur de 4,505 francs, ont péri. La perte est donc de 0,14 p. 100 pour les vaccinés et de 0,50 p. 100 pour les non vaccinés.

« La vaccination s'est montrée non seulement préservatrice pour les vaccinés, mais aussi pour les non vaccinés, en ce sens qu'elle diminue les chances de contagion et de pullulation des microbes par les cadavres.

Société d'agriculture du Pied du Jura.

« Le rapport de M. le vétérinaire Humberset qui ne nous est parvenu que le 5 décembre, beaucoup trop tardivement, est très laconique, il est heureusement complété par des notes détaillées de M. Galley, secrétaire de la Société.

« Les vaccinations ont eu lieu sur 534 pièces de bétail dans les alpages ; la première vaccination a eu lieu les 11 et 12 juin, et la seconde les 24 et 25 juin. Sur les 534 pièces vaccinées, deux paraissent avoir succombé du *quartier* ; cependant un seul cas a été bien constaté, l'autre est resté douteux. D'après M. le vétérinaire Humberset, le cas de *quartier* bien constaté est une preuve en faveur de la vaccination, car le sujet, âgé de 15 mois environ, a succombé 6 jours après la première opération et n'a par conséquent pas subi la seconde. A part cela, la vaccination a répondu d'une manière absolue sur les 534 bêtes opérées.

« Le nombre des animaux non vaccinés qui ont été alpés n'est pas connu, mais d'après les déclarations des inspecteurs du bétail de montagne, MM. Burnier à Bière et Dorier à Bassin, il aurait été constaté de nombreux cas de *quartier* suivis de mort. En présence de faits aussi concluants, rapprochés de ceux obtenus déjà l'année dernière avec le vaccin anticharbonneux, on peut constater qu'il est d'utilité publique d'encourager la vaccination. C'est, si nous ne nous trompons, la Société d'agriculture du Pied du Jura qui la première a pris l'initiative en Suisse de ce procédé préservatif contre la terrible maladie du *quartier*.

« Le résumé de notre rapport peut se concentrer dans le tableau ci-dessous :

EXPÉRIMENTATEURS.	NOMBRE DES ANIMAUX				MORTS POUR 100	
	ALPÉS.		MORTS.			
	Non vaccinés.	Vaccinés	Non vaccinés.	Vaccinés	Non vaccinés.	Vaccinés
Société fribourgeoise d'agriculture......................	4000	455	108	1	2.7	0.22
Société vaudoise d'agriculture (section d'Aigle).....	6720	714	34	1	0.5	0.14
Société d'agriculture du Pied du Jura...................	»	534	»	1	»	0.18
Moyenne............	18720	1703	142	3	1.32	0.076

« On peut donc résumer les pertes en disant en chiffre rond 1 1/3 p. 100 pour les non vaccinés et 1 3/4 p. 1000 pour les vaccinés.

« *Le Président,*   *Le Secrétaire,*

« R. COMTESSE.   C. BOREL, *rapporteur.* »

Il résulte d'un rapport, fort bien fait, de M. Bernard Sperck, vétérinaire à Insprück (Tyrol), que le charbon symptomatique a frappé les animaux non vaccinés de cette localité à raison de 1,67 p. 100, tandis qu'il a respecté absolument les animaux vaccinés en 1885.

Nous avons su, grâce à M. Isepponi, de Coire, que les pertes dans plusieurs alpages des Grisons, en 1885, ont été de 1,80 p. 100 parmi les non vaccinés, et de 0,57 p. 100 parmi les vaccinés.

M. Zschokke, professeur à l'École vétérinaire de Zurich, nous a appris que dans la même année la mortalité a été de 3 p. 100 dans le canton d'Obwalden parmi les non vaccinés et de 0,60 p. 100 sur les animaux vaccinés ; elle a été de 4,5 p. 100 sur les premiers, et de 0 p. 100 sur les seconds, dans le canton d'Uri.

M. le professeur Hess, de Berne, a publié pour l'année 1885 un nouveau rapport sur les maladies charbonneuses, adressé à la direction de l'intérieur du canton. Ce rapport est fort intéressant à consulter, parce qu'il renferme le résultat des premières inoculations préventives qui furent pratiquées dans le canton de Berne sur une large échelle.

Un tableau officiel dressé par les soins des communes nous apprend qu'on a inoculé 15 137 animaux dans le canton de Berne :

3 915 étaient âgés de moins de 1 an ;

8 713 étaient compris entre 1 an et 2 ans ;

2 273 entre 2 et 3 ans;

164 entre 3 et 4 ans;

72 avaient dépassé 4 ans.

Sur ce nombre, il est mort 83 animaux après l'inoculation, du 1er mai au 31 décembre 1885. Comme 3 d'entre eux n'avaient été inoculés qu'une seule fois, nous les défalquerons de ce nombre, de sorte que la mortalité s'abaissera à 80.

Parmi ces 80 bêtes, 8 sont mortes de l'inoculation, 72 ont contracté le charbon symptomatique malgré l'inoculation, ce qui fait 0,052 d'insuccès p. 100.

Il s'agit maintenant d'apprécier l'importance de ce *quantum*.

Le rapport de M. Hess ne contenant ni les chiffres de la population bovine du canton qui n'a pas été soumise à l'inoculation, ni l'indication de la mortalité parmi elle, cette appréciation est difficile.

Nous possédons cependant ces renseignements pour quelques communes des districts de Frutigen et d'Ober-Simmenthal. Nous les résumons dans le tableau suivant :

Mortalité dans les districts de Frutigen et Ober-Simmenthal.

COMMUNES.	MORTALITÉ pour 100 parmi les inoculés.	MORTALITÉ pour 100 parmi les non inoculés.
Æschi...................	1.85	2.07
Adelboden..............	»	3.31
Frutigen...............	0.81	2.95
Kandergrund...........	1.84	15.08
Reichenbach...........	1.20	7.59
Lenk..................	0.36	2.75
Saint-Stephan.........	0.50	4.82
Moyennes.............	0.65	3.83

Dans ces communes, les pertes ont donc été six fois plus considérables parmi les animaux non vaccinés que parmi les vaccinés.

Voici un autre tableau comparatif qui nous permettra d'apprécier la valeur préventive de l'inoculation. Il montre le chiffre des cas de charbon symptomatique, dans plusieurs localités, pendant trois années consécutives, du 1ᵉʳ mai au 31 décembre ; seulement, pendant la dernière année, l'inoculation préventive a été faite au printemps.

Mortalité causée par le charbon symptomatique, du 1ᵉʳ mai au 31 décembre.

COMMUNES.	ANNÉES.		
	1883 Pas d'inoculation.	1884 Pas d'inoculation.	1885 Inoculations.
Oberhasle	7	21	»
Interlaken	62	100	2
Frutigen	129	191	22
Saanen	53	52	6
Ober-Simmenthal	80	116	6
Nieder-Simmenthal	103	157	13
Thun	20	22	3
Konolfingen	4	7	2
Seftigen	24	30	8
Schwarzenburg	27	16	6
Totaux	520	712	70

La mortalité a donc été, pendant les années où l'on n'a pas inoculé, 7 et 10 fois plus grande que dans l'année où l'on a pratiqué l'inoculation préventive.

Tels sont les documents que nous avons pu nous procurer jusqu'en 1885 inclusivement, pour montrer la valeur préventive des inoculations sous-cutanées avec des virus atténués. Ils font ressortir avec évidence que la méthode préventive appliquée au charbon symptomatique a une grande valeur économique.

Sur la campagne de l'année 1886, nous n'avons pu nous procurer jusqu'à présent que le rapport de M. Strebel, sur les inoculations pratiquées dans le canton de Fribourg (Suisse), et celui de M. Isepponi sur les inoculations faites dans le canton des Grisons (Suisse).

Voici le rapport de M. Strebel :

« Au printemps 1886, 1275 jeunes bovidés ont été soumis à l'inoculation préventive du charbon emphysémateux. Un seul a été attaqué par le charbon symptomatique quatre mois après l'inoculation ; c'était un veau qui, au moment de l'inoculation, n'avait que quatre mois, condition très défavorable au développement des effets préventifs.

« 1829 bovidés non vaccinés ont séjourné dans les pâturages où le charbon symptomatique a fait des victimes — abstraction faite des pâturages situés dans le district de la Veveyse où la vaccination n'a pas été pratiquée. — Sur ce chiffre 71 bêtes ont succombé au charbon symptomatique, soit 3,88 p. 100.

« Mais pour bien apprécier les avantages de l'inoculation, il faut examiner, comparer la mortalité parmi les vaccinés et les non vaccinés sur les pâturages, où ces deux catégories d'animaux étaient mélangées.

« Dix-sept alpages étaient dans ces conditions, dont 7 dans le district de la Gruyère et 10 dans celui de la Singine. Dans ces dix-sept pâturages ont été estivées 160 bêtes vaccinées et 433 non vaccinées. Parmi les 160 animaux vaccinés, une seule pièce a été attaquée par le charbon symptomatique, soit 0,62 p. 100, tandis que parmi les 433 bêtes non vaccinées, on a compté 20 cas de mort, soit 4,62 p. 100.

« Donc, en 1886, l'inoculation préventive contre le charbon

symptomatique a donné encore de très heureux résultats dans le canton de Fribourg. »

Toutes les bêtes qui avaient subi en 1885 la première et la deuxième inoculation ont été respectées du charbon symptomatique en 1886. Par contre, deux génisses qui l'année précédente n'ont été soumises qu'à la première inoculation ont succombé au charbon emphysémateux pendant l'estivage en 1886 (15 mois après l'opération).

Dans le canton des Grisons on a vacciné au printemps 1886, dans 68 communes, 6031 têtes de jeune bétail. Sur ce nombre, 40 pièces ont péri du charbon symptomatique pendant l'estivage, soit 0,66 sur 100. 7111 bovidés non inoculés préventivement ont séjourné dans les mêmes lieux ; parmi eux 111 pièces ont succombé au charbon emphysémateux, soit 1,56 p. 100.

Examinons maintenant les meilleures conditions dans lesquelles il convient d'employer les vaccinations.

ARTICLE III

INTERVENTION DES SOCIÉTÉS. — ASSURANCE MUTUELLE. — SYNDICAT
DE PROPRIÉTAIRES.

Bien que les accidents mortels consécutifs à l'inoculation soient rares, la perspective d'un danger à courir éloigne ou fait hésiter un grand nombre de cultivateurs et de propriétaires.

Chacun pèse les chances qu'il a d'échapper au fléau avec les risques d'être le propriétaire malheureux chez lequel l'inoculation sera funeste.

Les personnes convaincues ont le devoir de lutter par tous les moyens contre ce fâcheux calcul, car il met en péril une partie de la fortune privée et de la fortune publique.

A coup sûr, le meilleur moyen serait d'indemniser le propriétaire des dommages que lui causerait l'inoculation.

Chacun devant veiller sur ses propres intérêts et les protéger le plus économiquement possible, les propriétaires devraient prendre l'initiative d'associations syndicales ou d'assurances mutuelles pour parer aux frais et aux dangers éventuels de l'inoculation préventive.

Les vétérinaires feront bien d'éclairer les propriétaires sur les grands avantages qu'ils retireront de l'inoculation et sur les rares indemnités qu'ils auront à payer, car il est probable que s'ils étaient bien renseignés sur la modicité des cotisations, ils formeraient plus volontiers les associations que nous voudrions faire surgir.

La mutualité existe en Suisse, sur une très large échelle; c'est la cause de l'extension considérable qu'a prise en peu de temps dans ce pays l'inoculation contre le charbon symptomatique.

Si, bon an, mal an, le charbon symptomatique fait 30 victimes dans une ou deux communes, et que l'inoculation cause un ou deux accidents mortels, le syndicat aura toujours gagné 28 bêtes. Ce raisonnement est celui que devraient faire les propriétaires dans les localités où la maladie cause des dommages importants.

Nous savons malheureusement, par une expérience journalière, que l'action individuelle a souvent besoin d'être provoquée et encouragée par les Sociétés et les corps constitués. Nos confrères feraient donc œuvre utile en agissant de toute leur influence sur les sociétés et les comices agricoles, sur les conseils généraux, pour les engager à patronner l'inoculation dans les régions où elle est indiquée. Les obligations que contracteraient ces sociétés seraient si minimes qu'il est impossible qu'elles hésitent entre le bien qu'elles peuvent faire et le sacrifice qu'elles s'imposeront.

Seulement, il est nécessaire de bien discerner les cas où l'inoculation est avantageuse. Quand les dommages causés par l'infection naturelle ne dépassent pas les pertes déterminées par l'inoculation, la vaccination préventive est inutile. Elle devient un avantage dans les conditions inverses, surtout si une association intelligente et sage répartit les accidents possibles de l'inoculation sur un grand nombre de propriétaires.

EXPLICATION DES FIGURES

FIGURE 1. — *Sérosité de la tumeur du bœuf.*

1, 1, bactéries en forme de bâtonnets mousses, mobiles, pourvues d'une spore brillante à l'une des extrémités ; 2, *idem*, dans une autre position de l'objectif, la spore paraît sombre ; 3, 3, bactéries dont le corps protoplasmique paraît plus court et plus acuminé ; souvent cet aspect est dû à la position plus ou moins oblique des microbes dans le liquide de la préparation ; 4, 4, bactéries sans spores mobiles, plus longues et plus grêles que les autres (abondantes dans la sérosité de l'œdème qui entoure la tumeur) ; 5, bactérie sporulée vue par son extrémité.

FIGURE 2. — *Sérosité du centre de la tumeur du bœuf, quelques jours après la mort.*

1, 1, 1, bactéries sporulées ordinaires ; 2, bactéries ayant pris la forme de massue ; 3, bactéries à deux spores ; 4, 4, 4, bactéries dont le corps s'est élargi de façon à devenir fusiforme ; 5, 5, débris de cylindres contractiles que l'on est exposé à prendre pour des bactéries sans spore ; 6, débris plus volumineux de fibre striée ; n, noyau de fibre musculaire que l'on pourrait confondre, sauf la dimension, avec la bactérie devenue fusiforme.

FIGURE 3. — *Microbes du charbon symptomatique tels qu'on les rencontre quelquefois dans le sang à la dernière période de la maladie, ou peu de temps après la mort.*

Ceux-ci ont été vus dans le sang du taurillon quelques heures avant la mort ; h, hématies altérées ; k', hématie à peu près intacte.

(Ces trois dessins ont été faits à la chambre claire, obj. 10 et ocul. 1 de Verick.)

FIGURE 4. — *Coupe faite au sein d'une tumeur intra-musculaire du bœuf, parallèlement à la direction des fibres contractiles : durcissement à l'alcool, coloration au picro-carminate d'ammoniaque.*

1, faisceau primitif strié normal ; 2, 2, amas de globules rouges épanchés entre les fibres musculaires emprisonnées par la fibrine et l'albumine coagulée ; 3, 3, 3, fibres musculaires dont le sarcolemme a été rompu et le contenu entièrement détruit dans les points a, a ; n, cellules lymphatiques mélangées aux débris de la substance contractile et aux microbes m, dans les points où les fibres ont été détruites ; 4, 5, fibres musculaires entamées au sein de l'infarctus par l'action des microbes et dont le contenu est en voie de destruction.

FIGURE 5. — *Coupe faite dans un autre point de la tumeur, légèrement dissociée.*

1, 1, amas plus ou moins considérable de globules sanguins ; 2, fibre musculaire à peu près saine ; 3, 3, 3, réticulum fibrineux plus ou moins chargé de microbes sous forme de granulations et de bactéries ; 4, fibre musculaire en voie de dégénérescence graisseuse surtout dans les points a, a ; 5, fibre musculaire qui a subi la dégénérescence cireuse ou de Zenker sur la plus grande partie de sa longueur.

(Dessins faits à la chambre claire, obj. 6 et ocul. de Verick. Les microbes ont été grossis afin qu'on les distingue plus aisément des filaments ou grains fibrineux.)

TABLE DES MATIÈRES

FIN DE LA TABLE DES MATIÈRES

6029-86. — Corbeil. Typ. et stér. Crété.